高职高专"十一五"规划教材

焊接生产管理

罗英极　主编
邓开豪　主审

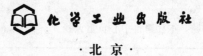

化学工业出版社

·北京·

本书主要介绍焊接生产中的质量管理、成本管理、焊接生产计划和焊接项目进度管理、焊接生产组织实施、焊接安装工程项目资源管理、焊接安全生产管理、焊接安装工程项目招投标、概预算以及焊接生产管理人员岗位职责等方面的知识。

本书适合高职高专焊接专业师生作为教材使用，也可供焊接技术人员和管理人员参考。

图书在版编目（CIP）数据

焊接生产管理/罗英极主编. —北京：化学工业出版社，2010.7

高职高专"十一五"规划教材

ISBN 978-7-122-08772-0

Ⅰ. 焊… Ⅱ. 罗… Ⅲ. 焊接-生产管理-高等学校：技术学院-教材 Ⅳ. TG4

中国版本图书馆 CIP 数据核字（2010）第 105209 号

责任编辑：高　钰　　　　　　　　　文字编辑：韩亚南
责任校对：宋　玮　　　　　　　　　装帧设计：史利平

出版发行：化学工业出版社（北京市东城区青年湖南街 13 号　邮政编码 100011）
印　　装：三河市延风印装厂
787mm×1092mm　1/16　印张 10　字数 242 千字　2010 年 8 月北京第 1 版第 1 次印刷

购书咨询：010-64518888（传真：010-64519686）　售后服务：010-64518899
网　　址：http://www.cip.com.cn
凡购买本书，如有缺损质量问题，本社销售中心负责调换。

定　　价：20.00 元

前　言

　　高职焊接技术及自动化专业学生毕业后主要就业于焊接生产第一线的技术岗位和管理岗位。因此，学习焊接生产管理方面的专业知识很有必要。

　　本书系统地介绍了焊接生产中的质量管理、成本管理、进度管理、焊接安装项目资源管理、安全生产管理、招投标、概预算以及焊接生产管理人员岗位职责等方面的知识。通过本书的学习，焊接专业高职生可为将来从事焊接生产管理工作打下良好的基础。

　　本书的主要特点有：将焊接生产划分为具有重复生产特点的车间生产方式和具有一次性生产特点的现场焊接安装方式两类，并对其管理模式及内容加以详述；书中的管理案例直接来自真实的管理规范的焊接生产企业；编有各主要焊接生产管理人员岗位职责，使学生能更明了自己将来的岗位及要求。

　　参加本书编写的有罗英极、苏雪梅、杨浩佩。罗英极任主编。其中第三章、第五章由杨浩佩编写，第六章、第八章由苏雪梅编写，罗英极编写其余章节并负责全书的统稿工作。邓开豪任主审。

　　由于编者水平有限，时间紧迫，本书可能存在不妥之处，恳请读者予以批评指正。

编　者

2010 年 4 月

目　录

绪　论

一、焊接生产管理概述

（一）焊接生产过程基本概念

随着经济的飞速发展以及科学技术的提高，焊接已成为一种独立的产业，它主要包括焊接设备制造、焊接材料生产、焊接结构生产、焊接设备及焊接材料销售、焊接技术服务等。本门课程主要介绍焊接结构生产管理的内容。

1. 生产过程概述

生产是通过劳动把资源转化为能够满足人们某种需求的产品的过程。而产品，可包括服务、硬件、流程性材料、软件或它们的组合。焊接生产主要是指焊接结构（有形产品）的生产，即通过对原材料主要运用焊接方法进行加工，使之形成满足某种要求或需求的焊接结构的过程。焊接生产过程包括技术准备过程、基本生产过程、辅助生产过程、生产服务过程等。

（1）生产技术准备过程　指产品在投入生产前所进行的各种生产技术准备工作，如产品的设计、工艺设计、工艺装备的设计与制造、标准化工作、定额工作、调整劳动组织和设备布置等。

（2）基本生产过程　指直接为完成企业的产品所进行的生产活动，如焊接、加工、装配等。它是整个生产过程中最重要的一个过程。

（3）辅助生产过程　指为保证基本生产过程的正常进行所必需的各种辅助生产活动，如动力生产、工具制造、设备维修等。辅助生产过程是整个生产过程必不可少的组成部分。

（4）生产服务过程　指为基本生产和辅助生产服务的各种生产服务活动，如原材料、半成品的供应、运输、保管等。

2. 生产过程的基本要求

合理组织生产过程，必须在保证安全生产和文明生产的前提下综合考虑产品质量、生产耗时、生产成本等因素，确保其效益最佳。

实际生产过程中，能同时满足产品质量最好、耗时最短、成本最低这些要求是很困难的。必须综合考虑用户的要求（包括产品质量、交货工期及愿意支付的费用等），本厂的生产硬件、软件因素，市场上同行的竞争情况，来确保生产出来的产品的综合效果最好。

3. 合理组织生产过程的因素

一般情况下，为合理组织生产过程，应主要考虑下列因素。

（1）生产过程的连续性　指产品和零部件在生产过程各个环节上的运动自始至终处于连续状态，不发生或少发生不必要的中断、停顿和等待等现象。即要求加工对象或处于加工之中，或处于检验和运输之中。保持生产过程的连续性，可以充分利用机器设备和劳动力，缩短生产周期，加速资金周转。

（2）生产过程的比例性　指生产过程的各个阶段、各道工序之间在生产能力上要保持必要的比例关系。它要求各生产环节之间在劳动力、生产效率、设备等方面相互均衡发展，避免"瓶颈"现象。保证生产过程的比例性，既可以有效地提高劳动生产率和设备利用率，也可以进一步保证生产过程的连续性。

为了保持生产过程的比例性，在设计和建设企业时，应根据产品性能、结构以及生产规模、协作关系等统筹规划，同时还应在日常生产组织和管理工作中搞好综合平衡和计划控制。

（3）生产过程的节奏性　指产品在生产过程的各个阶段，从投料到成品完工入库，都能保持有节奏地、均衡地进行。要求在相同的时间间隔内生产大致相同数量或递增数量的产品，避免前松后紧的现象。

生产过程的节奏性应当体现在投入、生产和出产三个方面。其中出产节奏性是投入节奏性和生产节奏性的最终结果。只有投入和生产都保证了节奏性的要求，实现出产节奏性才有可能。同时，生产节奏性又取决于投入节奏性。因此，实现生产过程的节奏性必须把三个方面统一安排。

实现生产过程的节奏性，有利于劳动资源的合理利用，减少工时的浪费和损失；有利于设备的正常运转和维护保养，避免因超负荷使用而产生难以修复的损坏；有利于产量、质量的提高，防止废品的大量产生；有利于减少在制品的大量积压；有利于安全生产，避免人身事故的发生。

（4）生产过程的平行性　指加工对象在生产过程中实现平行作业，生产过程的各个阶段、各个工段、各个班组、各个工序实行平行生产。

实现平行生产，可以缩短生产周期，给企业带来良好的经济效益。

（5）生产过程的适应性　指生产过程的组织形式要灵活，能及时满足变化的市场的需要。随着市场经济的开展、技术的进步和人民生活水平的提高，用户对产品的需要越来越多样化。这就给企业的生产过程组织带来了新的问题，即如何朝着多品种、小批量、能够灵活转向、应急应变性强的方向发展。为了提高生产过程组织的适应性，企业可采用柔性制造系统等方法。

上述组织生产过程的五项要求是衡量生产过程是否合理的标准，也是取得良好经济效果的重要条件。

（二）生产管理概述

焊接生产企业要在市场经济条件下求得生存和发展，必须依靠科学有序的企业管理，并在实践中不断提高企业管理水平。科学技术是生产力，管理也是生产力。在某种程度上，管理比技术更重要，管理出质量，管理出效率，管理出效益。高水平的企业管理是使企业的运行处于良性循环，实现以尽可能少的投入得到尽可能多的产出的基本保证。

随着焊接生产方式的增多，焊接结构生产的产量增多，焊接生产规模越来越庞大，焊接生产企业内部的专业分工越来越精细，因此需要对焊接生产进行科学的管理。

1. 生产管理概念

生产管理是指为完成一定的生产任务，在生产系统中所从事的计划、组织、指挥、协调、监控等一系列管理活动。

2. 生产管理内容

生产管理包括以下内容。

（1）生产组织工作　即选择厂址、布置工厂、组织生产线、确定劳动定额和劳动组织、设置生产管理系统等。

（2）生产计划工作　即编制生产计划、生产技术准备计划和生产作业计划等。

（3）生产控制工作　即控制生产进度、生产库存、生产质量和生产成本等。

总的来说，生产管理主要包括质量管理、成本管理、进度管理、安全与文明生产管理等内容。其中安全与文明管理是前提。

焊接生产管理则是以焊接结构生产或焊接项目安装为主的生产管理。

3. 生产管理的任务

生产管理的任务有：通过生产组织工作，按照企业目标的要求，设置技术上可行、经济上合算、物质技术条件和环境条件允许的生产系统；通过生产计划工作，制定生产系统优化运行的方案；通过生产控制工作，及时有效地调节企业生产过程内外的各种关系，使生产系统的运行符合既定生产计划的要求，实现预期生产的品种、质量、产量、出产期限和生产成本的目标。生产管理的目的在于做到投入少、产出多，取得最佳经济效益。

4. 生产管理的模块

生产管理的主要模块：计划管理、采购管理、制造管理、品质管理、效率管理、设备管理、库存管理、士气管理及精益生产管理九大模块。

5. 生产管理的目标

生产管理的目标：高效、低耗、灵活、准时地生产合格产品，提供满意服务。

（1）高效　迅速满足用户需要，缩短订货期，争取用户。

（2）低耗　人力、物力、财力消耗最少，实现低成本、低价格。

（3）灵活　能很快适应市场变化，生产不同品种和新品种。

（4）准时　在用户需要的时间，按用户需要的数量，提供所需的产品和服务。

（5）合格产品和满意服务　是指产品和服务质量达到用户满意水平。

6. 生产类型

在为企业设计和建立一个合理有效的生产管理系统之前，应正确认识并掌握产品生产过程的特征及其运行的规律性。

划分生产类型有很多种方式。其中从品种及生产量角度划分生产类型，通常分为大批大量生产、成批生产和单件小批生产。

在一般情况下，大批大量生产在相当长一段时期内只生产同一种产品，具有生产稳定、效率高、成本低、管理工作简单等优点，但也存在着投资大（专用夹具和专用机械设备的配备）、适应性差和灵活性差等缺点。大批大量生产模式在进行产品更新换代时成本较高。单件小批生产，即同一产品的生产数量很少，产品结构经常变化，通常采用通用设备，不采用专用夹具和特种工具。由于作业现场不断变换品种，作业准备改变频繁，造成生产能力利用率低（人和机器设备闲置等待），所以生产稳定性差、效率低、成本高、管理工作复杂等。因此，必须尽力做好作业准备、作业分配、作业进度计划和进度调整等工作。成批生产特点介于上述二者之间，一段时期内生产一定数量的同一产品，周期性地轮换生产若干种产品，可以采用专用夹具及特种工具，装配、焊接工作可实现部分机械化，工人专业化程度稍高。

（三）焊接生产管理概述

焊接生产从品种及生产量角度主要分为成批生产和单件小批生产两种类型。其中成批生产的例子有家用液化气罐制造、汽车配件如座椅的铁架焊接，单件小批生产的例子有大型压力容器制造、大型化工容器制造。前者主要在焊接车间内进行，产量较大，产品品种较少，单件产品的造价较低，焊接重复性较强；后者基本上只有部分焊接工作在车间内进行，一般最后总装是在现场进行焊接安装的。

由于这两种焊接生产的特点不同，其生产管理的方式也大不一样。焊接生产因此可划分为两类方式：车间生产方式和现场焊接安装方式。

1. 车间生产方式

在这种方式的焊接结构生产中，管理者可根据市场需求以及自身的生产设备（主要是焊接设备）、员工类型及人数、财务情况等能力制定年度生产计划，分解为季度生产计划、月生产计划甚至周生产计划。这种生产方式可以相对容易地进行生产技术准备过程，即事先进行产品的设计、工艺设计、工艺装备的设计与制造、标准化工作、定额制定，对生产设备、员工类型及需求量是相对固定的。可采用与其他机械产品生产相似的企业运营管理方式进行生产和管理。

2. 现场焊接安装方式

这种方式的焊接结构安装，具有项目生产一次性、焊接工艺复杂性、产品造价高等特点。在产品设计时一般不进行样品试制，设计方案也没有经过试制，很多问题会在安装时暴露出来，需要在安装过程中随时加以解决。工时定额采用统计经验制定，准确性低，编制计划的精确性也低。但可应用项目管理模式进行生产管理。

二、焊接生产管理人员岗位

焊接结构生产分为在相对固定场所中批量生产的车间焊接生产模式以及一次性的现场焊接安装模式。

对于常规的车间方式的焊接生产，焊接从业人员的岗位主要有生产厂长、车间主任、车间工段长（车间规模较大时）、车间班组长、焊接工艺工程师、焊接技师、焊接质检员、焊接车间仓库管理员等。

对于现场安装方式的焊接生产，焊接从业人员的岗位主要有项目经理、焊接质检员、调度员、班组长等。

高职焊接技术及自动化专业的培养目标是：培养拥护党的基本路线，德、智、体、美等方面全面发展，具有熟练的常见焊接方法操作能力、焊接管理能力，适应焊接生产、建设、管理、服务第一线需要的高素质的技能型人才。

根据高职焊接专业培养目标，对于车间方式的焊接生产，高职焊接专业毕业生常见的就业岗位如下。

① 短期目标：车间班组长、焊接车间仓库管理员、调度员。

② 中期目标：焊接技师、焊接工艺工程师、焊接质检员。

③ 长期目标：工段长、车间主任、生产厂长。

各焊接生产管理岗位的职责要求及任职条件参见第八章。

三、本课程的内容及要求

本书对车间生产方式及现场焊接安装方式的焊接生产管理进行系统的介绍，并对生产第一线的焊接管理人员的岗位职责及任职条件进行了详细的介绍。通过本课程的学习，应初步掌握不同类型的焊接结构生产的特点、安全生产和文明生产、生产过程的质量控制、工期控制、成本控制等要求，为成为合格称职的各类生产第一线的焊接生产管理人员打下理论基础。

第一章
焊接生产质量管理

第一节 焊接产品质量的影响因素及对策

一、概述

为使产品达到所要求的各项质量指标，产品质量应从生产的每一道工序抓起，通过控制和调整影响产品质量的因素来保证。在焊接生产质量管理工作中，用工序质量来保证产品质量。

工序质量指工序过程的质量。它的高低反映工序的成果符合设计、工艺要求的程度，即工序的符合性质量。产品质量是以工序质量为基础的，必须有优良的工序加工质量才能生产出优良的产品。产品的质量不仅是在完成全部加工装配工作之后，由专职检验人员测定若干技术参数，并获得用户认可就算达到了要求，而是在加工工序一开始时就存在并贯穿于生产的全过程中。最终产品合格与否，取决于全部工序误差累积结果。所以，工序是生产过程的基本环节，也是检验的基本环节。

基本生产过程和辅助生产过程都是由若干相互联系的工艺阶段所组成的。为了完成某个生产，需要经过一个或几个不同的加工工艺，例如锻造、冲压、切削、装配和焊接等。

二、焊接基本定义

1. 焊接生产过程

焊接生产过程是指对原材料主要运用焊接方法进行加工，使之形成满足某种要求或需求的焊接结构的过程。

2. 焊接工艺过程

焊接工艺过程是指逐步改变工件状况的焊接生产过程。它是直接改变工件的几何形状、尺寸、力学性能以及物理化学性能的生产过程。它是生产过程中处理工艺技术方面问题的直接技术措施，因而也是进行生产的基础。半成品经过包含各个工艺过程在内的整个生产过程之后，成为符合设计意图的结构或机器。

3. 工序

工序是指一个或一组工人在一个工作地对同一个或同时对几个焊件所连续完成的工艺过程。例如在划线工作地上进行划线和在焊接工作台上进行焊接等。划分工序的依据是工作地点是否改变和加工是否连续完成。

4. 安装

在一道工序中，工件在加工位置上至少要装夹一次，有时也可能装夹几次，才能完成加工。安装是工件（或装配单元）经一次装夹后所完成的工序。例如将焊件夹紧在车床上进行切削加工，这是一个安装；如需对焊件进行双面切削，且要翻动焊件一次时，这时有两次夹紧，故为两个安装。从减少装夹误差及装夹工件花费的工时考虑，应尽量减少装夹次数。

5. 工位

工位是安装或工序的一部分，它是焊件在一次安装情况下工件或加工设备所处的加工位置。例如在转台上焊接工字梁的四条焊缝，焊件需转四个角度，即有四个工位。若钢板拼接中焊机需调动两次，即在该焊接工序中包括两个工位。

6. 工步

工步是工序、安装或工位的一部分，是指在一个工位内焊件、工具、装备和工作参数不变的情况下所完成的动作。工步分为简单工步和复杂工步。例如开坡口多层对焊，参数不变为一个工步，若电流需加大一次则为两个工步，这是简单工步。又如某工字梁的对称角焊缝，如果两条焊缝用两台焊机同时进行焊接，则该工步为复杂工步；如果用一台焊机先后焊接，则为简单工步。

工步是保持工艺过程一切特性的最小组成部分，因为在工步过程中焊件的几何形状、力学性能和化学性能都将发生变化，为了实现这些变化必须动手或运行机器，它们在工艺上是不能分离的。如果继续划分下去，还有更换焊条、加添焊剂和手工焊接中的运条等动作，通常称之为操作。它们虽不具有工艺过程的特性，但在制定工艺过程的技术定额时，尤其是在大量流水生产条件下，必须考虑。

分析工艺过程组成单元的主要目的在于了解这些环节进行方式及影响这些环节的因素，从而在保证产品质量的前提下能够合理地简化工艺过程，并计算和确定相应工艺单元的工时、材料、动力、能源消耗定额和人员组合等。

焊接结构生产的过程可以分解成多个加工工序，如原材料复验、除锈、划线、下料、组装、焊接、焊后处理、检验等。工序是生产过程的基本环节，也是检验的基本环节。各个工序都有一定的质量要求，也存在影响质量的因素。工序的质量最终决定焊接产品的质量，分析影响工序质量的各种因素，控制及消除不利因素，利用有利因素，才可以达到保证产品质量的目的。

三、影响焊接工序质量的因素

影响焊接工序质量的因素有操作人员因素、机器设备因素、原材料因素、焊接工艺方法因素以及环境因素五个方面。

1. 操作人员因素

不同的焊接方法对操作人员的技能要求不同。选用焊条电弧焊时，焊工的操作技能对保证焊接质量的作用很大，选用埋弧焊时，虽然焊接参数的选择和进行焊接离不开人的操作，但焊工的技能熟练程度对产品质量的影响比选用焊条电弧焊时小得多。弧焊机器人的施焊对焊工的技能要求最小。

在焊接质量保证体系中，对焊工的管理应遵循以下原则。

① 加强对焊工"质量第一，用户第一，下道工序是用户"的质量意识教育，提高责任心，培养一丝不苟的工作作风，并建立质量责任制。

② 定期对焊工进行岗位培训，从理论上掌握工艺规程，从实践上提高操作技能。

③ 加强焊接工序的自检、互检与专职检查。

④ 认真执行焊工考试制度，坚持焊工持证上岗，建立焊工技术档案。

2. 机器设备因素

各种焊接设备的性能及其稳定性直接影响焊接质量。设备结构越复杂，机械化、自动化程度越高，焊接质量对其依赖性也就越高，因而要求这类设备具有更好的性能及稳定性。对于重要的焊接产品，其质量保证体系中应建立包括焊接设备在内的各种在用设备的定期检验制度。

从保证焊接工序质量出发，对机器设备的使用与管理应做好以下几点。

① 定期对设备进行维护、保养和检修。

② 定期校准焊接设备上的电流表、电压表、气体流量计等仪表，保证生产的计量准确。

③ 建立设备状况的技术档案。

④ 建立设备使用人员责任制。

3．原材料因素

焊接生产时的原材料包括母材、焊材等，这些材料的质量是保证焊接产品质量的基础和前提。在投料之前就要把好材料关，才能稳定生产，稳定焊接产品的质量。

对原材料的质量控制，主要有以下措施。

① 加强原材料的进厂验收和检验。

② 建立严格的材料管理制度。

③ 实行材料标记移植制度，以达到材料的可追溯性。

④ 选择信誉高、产品质量好的供应厂和协作厂进行订货和加工。

4．焊接工艺方法因素

焊接质量对工艺方法的依赖性较强，在影响工序质量的各种因素中占最重要地位。工艺方法对焊接质量的影响主要来自两个方面：一是工艺制定的合理性；二是执行工艺的严格性。首先要对某一产品或某种材料的焊接工艺进行工艺评定，然后根据评定合格的工艺评定报告和图样技术要求制定焊接工艺规程，编制焊接工艺说明书或焊接工艺卡。这些工艺文件中的各种焊接参数是指导焊接的依据。工艺文件是根据模拟相似的生产条件所作的试验结果和长期积累的经验以及产品的具体技术要求编制出来的，是保证焊接质量的重要基础，通常由经验丰富的焊接技术人员编制，以保证它的正确性和合理性。在此基础上需要保证贯彻执行工艺方法的严格性。焊工或焊接技术人员均不能随意变更工艺参数。确需改变时，必须经过一定的程序。

对焊接工艺方法因素的控制措施如下。

① 按有关规定进行焊接工艺评定。

② 选择有经验的焊接技术人员编制所需的工艺文件。

③ 加强焊接过程中的现场管理与检查。

④ 按要求制作焊接产品试板与焊接工艺检查试板，以检验工艺方法的正确性与合理性。

5．环境因素

在特定环境下，焊接质量对环境的依赖性较大。焊接操作常常在室外露天进行，必然受到外界自然条件（温度、湿度、风力及雨雪天气）的影响，在其他因素一定的情况下，也有可能单纯因环境因素造成焊接质量问题。环境因素的控制措施简单，当环境条件不符合规定要求时，应暂时停止焊接工作，或采取相应防范措施后再进行焊接。

上述影响焊接工序质量的五个因素相互关联、相互影响，考虑时要有系统性和连续性。

四、焊接生产过程质量控制

焊接生产过程可分为焊前、焊中、焊后三个阶段。根据全面质量管理的理论，为确保焊接产品的质量，有必要在这三个环节都进行质量控制。

焊接质量控制与焊接成本控制相互作用，相互影响。若焊接质量控制得好，可减少废品、次品率，即可降低因为返工而造成的原材料、人工、工期、设备、能耗等方面的无效损耗，从而也能降低焊接成本。

（一）焊接前质量控制

焊接前质量控制包括焊接原材料检验、焊接结构设计鉴定、焊接设备检查、焊工资质及操作技能检查等。

1. 焊接原材料检验

焊接原材料包括母材、焊材两大类。

（1）母材检验　焊接结构的母材种类很多，如低碳钢、低合金钢、不锈钢、高速钢、工具钢、铝等，每一类又有不同的型号。

对焊接结构母材的焊前检验，主要是根据材料的型号、出厂质量检验合格证进行检验。同时，还应进行外部检查和抽样复核，以检查在运输过程中产生的外部缺陷和防止型号错乱。对于没有出厂合格证或新使用的材料必须进行化学成分分析、力学性能试验及焊接性试验，合格后方可投入使用。

对用于重要焊接结构如压力容器的母材，在使用前应根据有关规定抽样复验其力学性能、化学成分等是否与订购合同的要求相符。

（2）焊丝、焊条的检验　对用于重要焊接结构的焊丝，在使用前应进行化学成分复核、外部检查和直径测量。对用于重要焊接结构的焊条，在使用前应核实其化学成分、力学性能、焊接性能等。

2. 焊接结构设计鉴定

对于焊后必须进行无损检测的焊接结构，在开始制造前应对其结构设计进行鉴定，以确保该焊接结构的焊缝设计能进行焊后无损检测，即要求该焊接结构要有适当的无损检测空间位置，要有便于进行无损检测的探测面，要有适宜无损检测的探测部位的底面等。

若焊接结构制成后不能满足可无损检测的条件，则应当在该结构装焊过程中逐步进行无损检测，但最后装焊的焊缝必须具有进行无损检测的条件。

3. 焊机检查

焊机焊前检查，主要检查焊机的电源、机械部分是否正常，各种电缆绝缘层是否有损坏，焊机的水路、气路是否连接正常，焊机外壳是否可靠地接地等。主要是确保焊接工作开始时焊机能正常运行，用电安全性能良好。

4. 焊工资质及操作技能检查

焊工属于特种作业，按国家有关规定焊工必须持证上岗。因此，在焊接生产开始前，必须检查焊工是否已有"电焊工操作证"。坚决杜绝无证上岗，确保焊接生产过程的安全。

对于使用各种手工电弧焊进行焊接的结构，其焊接接头质量好坏主要取决于焊工的操作技能。即使是埋弧焊、自动MIG焊（熔化极惰性气体保护电弧焊）等，焊接工艺参数的调整和施焊也与焊工的操作技能密切相关。因此，在生产开始前要对焊工焊接技能进行考核，达不到要求的要先进行培训，以确保其焊接技能能满足设计要求，从而保证焊接产品的质量。

5. 检查焊接工艺说明书或焊接工艺卡是否齐备

焊接工艺说明书或焊接工艺卡是焊接生产过程中重要的施焊依据，是确保焊接产品质量的基础。在焊接生产开始前，要检查是否已有齐备的焊接工艺说明书或焊接工艺卡。这些焊接工艺文件是指导焊接生产、准备技术装备、进行生产管理以及确保生产进度的依据。

6. 各岗位作业人员对本工序内容以及工艺卡的熟悉程度检查

在焊接生产开始前，必须对各岗位作业人员进行工艺交底，确保作业人员熟悉焊接工艺说明书或焊接工艺卡等文件中的所有内容，才能顺利地进行焊接生产，确保焊接生产过程的质量。

（二）焊接生产过程中的质量控制

焊接生产过程就是对原材料进行以焊接为主的加工，使之变成焊接产品的过程。这个过程的质量控制是全面焊接质量控制中最重要的环节，对最终能否获得满意的焊接产品至关重要。

这个过程主要是按照相关焊接工艺文件确定的焊接参数调节焊机，然后边生产边检查。每一工序都要按照焊接工艺规范或国家标准检验，主要包括焊接工艺参数的检验、焊接尺寸检验、焊接工装夹具的检验与调整、焊接结构装配的检查等。

1. 焊接工艺参数的检验

焊接工艺参数简称焊接参数，是指焊接时为保证焊接质量而选定的各项参数，如焊接电流、电弧电压、焊接速度、线能量、焊条（焊丝）直径、焊接的道数和层数、焊接顺序、电源种类和极性等的总称。

焊接参数执行的正确与否对焊缝和接头质量起着决定性作用。正确的焊接参数是在焊前进行试验、总结取得的。有了正确的焊接参数，还要在焊接过程中严格执行，才能保证接头质量的优良和稳定。对焊接参数的检查，不同的焊接方法有不同的内容和要求。

（1）焊条电弧焊焊接参数的检验 焊条电弧焊必须检验焊条的直径和焊接电流是否符合要求，同时要求焊工严格执行焊接工艺规定的焊接顺序、焊接道数、电弧长度等。

（2）埋弧焊焊接参数的检验 埋弧焊除了检查焊接电流、电弧电压、焊丝直径、送丝速度、焊接速度外，还要认真检查焊剂的牌号、颗粒度、焊丝伸出长度等。

（3）电阻焊焊接参数的检验 对于电阻焊，主要检查夹头的功率、通电时间、顶锻量、工件伸出长度、工件焊接表面的接触情况、夹头的夹紧力和焊件与夹头的导电情况等。实施电阻焊时还要注意焊接电流、加热时间和顶锻力之间的相互配合。压力正常但加热不足，或加热正确而压力不足，都会形成未焊透。焊接电流过大或通电时间过长，会使接头过热，降低其力学性能。对于点焊，要检查焊接电流、通电时间、初压力以及加热后的压力、电极表面及焊件被焊处表面的情况等是否符合工艺规范要求。对焊接电流、通电时间、加热的压力三者之间是否配合恰当要认真检查，否则会产生缺陷。如加热后的压力过大，会使工件表面显著凹陷和部分金属被挤出；压力不足，会造成未焊透；焊接电流过大或通电时间过长，会引起金属飞溅和焊点缩孔。

（4）气焊参数的检验 气焊主要检查焊丝的牌号和直径、焊嘴的号码，并检查可燃气体的纯度和火焰的性质。如果选用过大的焊嘴会使焊件烧坏，焊嘴过小则会形成未焊透。还原性火焰会使金属渗碳，氧化性火焰会使金属激烈氧化，这些都会使焊缝金属的力学性能降低。

2. 焊缝尺寸的检查

焊缝尺寸的检查应根据工艺卡或国家标准规定的精度要求进行。一般采用特制的量规和样板测量。最普通的测量焊缝的量具是样板。样板是分别按不同板厚的标准焊缝尺寸制造出来的，样板的序号与钢板的厚度相对应。例如，测量 12mm 厚的板材的对接焊缝，选用

12mm 的一片样板进行测量。此外，还可用万能量规测量，它可用来测量 T 形接头焊脚的凸出量及凹下量、对接接头焊缝的余高、对接接头坡口间隙等。

3. 夹具工作状态的检查

夹具是结构装配过程中用来固定、夹紧焊件的工艺装备。它通常要承受较大的载荷，同时还会受到由于热的作用而引起的附加应力的作用，故夹具应有足够的刚度、强度和精确度。在使用中应定期对其进行检修和校核，检查它是否妨碍对焊件进行焊接，焊接后焊件由于加热的作用而发生的变形是否会妨碍夹具卸下及取出，当夹具不可避免要放在施焊处附近时是否有防护措施，防止焊接时的飞溅破坏夹具的活动部分，造成卸下及取出夹具困难。还应检查所放的位置是否正确，是否会因位置放置不当而引起焊件尺寸的偏差和因夹具自身重量而造成焊件的歪斜变形。此外，还要检查夹紧是否可靠，不应因零件热胀冷缩或外来的振动而使夹具松动，失去夹紧能力。

4. 结构装配质量的检验

在焊接之前进行装配质量检验是保证结构焊接后符合图样要求的重要措施。对焊接装配结构主要应进行如下几方面的检查。

① 按图样检查各部分尺寸、基准线及相对位置是否正确，是否留有焊接收缩余量、机械加工余量等。

② 检查焊接接头的坡口形式及尺寸是否正确。

③ 检查定位焊的焊缝布置是否恰当。

④ 检查焊接处是否清洁，有无缺陷。

5. 来件偏差的检验

对于某道焊接工序来说，其部分原材料是来自前一道生产工序的产品。这些前一道生产工序产品的质量好坏直接影响到本工序焊接产品的质量。因此，焊接过程质量控制还应通过及时检验、及时反馈的方式，确保每一道工序的产品在移到后一道工序时质量符合产品图纸设计要求。

例如，某压力容器制造厂生产圆柱体（两头有球冠状封头）密封容器。容器筒体由一定尺寸的钢板卷圆，再焊接纵焊缝后得到。若容器纵向长度较大，则筒体不能由一块钢板卷圆后焊成，而是用同样方法制造出数块筒体，然后筒体之间通过焊接环焊缝后，拼成长度符合设计要求的筒体。

这些长度较短的筒体是前一道工序的产品，而它对于拼成设计长度的圆柱体筒体工序来说，则是原材料之一。这前一道工序中较短的圆柱体筒体所卷成的圆柱的圆度、纵焊缝的焊接质量好坏，直接影响到后一道工序即长圆柱体筒体焊接工序的制造质量。

由于该密封容器未最后成品时不会对焊缝进行无损检测，这样，若较短筒体的纵焊缝存在必须返修的焊接缺陷，则在最后的整体容器无损检测中检出问题时，会导致后一道工序即圆柱体筒体焊接工序同样需要返工。

6. 焊接过程全方位实时监控

在焊接生产过程中，必须进行全方位实时监控。当某工位上产生次品甚至废品时，应组织有关人员及时分析造成焊接质量不好的原因，经分析讨论后找出真正的原因，从而加强对相关环节的改进和监控，保证不再重犯同样的错误。

例如，国内采用点焊连接工艺的焊接车间，在生产过程中产品一度有某些焊接件产生虚焊、弱焊等缺陷。车间技术人员及时分析其原因，是由于焊枪焊接分流、零件搭接不良等因素导致，这属于机器设备因素以及工艺方法因素。得出正确的结论后，该车间及时改进这方面的工艺方案，最后，焊件虚焊、弱焊等缺陷大大降低。

（三）焊接成品的质量检验

按照全面质量控制理论，焊接产品在焊前和焊接过程中均受到系统的、严格的质量控制，但这并不能保证最后成品一定是合格的。根据产品设计时的要求不同，以及用户对产品的质量要求不同，焊接产品制造完成后，需采取不同方式、不同程度的成品质量检验，不合格产品予以返修或报废，以确保最后交付用户使用的是合格产品。常用的焊接成品质量检验方法有外观检查、压力试验、气密性试验、无损检验等。

1. 外观检查

焊接接头的外观检验是一种简便而又应用广泛的检验方法，是成品检验的一个重要内容。这种方法也会在焊接过程中使用，如厚壁焊件进行多层多道焊时，每焊完一个焊道便可采用这种方法进行检查，防止前道焊层的缺陷被带到下一层焊道中。

外观检查主要是发现焊缝表面的缺陷和尺寸上的偏差。这种检查一般是通过肉眼观察，并借助标准样板、量规和放大镜等工具来进行检验的。所以，也称为肉眼观察法或目视法。

2. 压力试验

为了确保压力容器使用过程中安全可靠，设备在出厂前或检修后需要进行压力试验或增加气密性试验。

压力试验是在超设计压力下，检查容器的强度、密封结构和焊缝的密封性等。

压力试验的方法有两种：液压试验和气压试验。通常情况下采用水压试验。对于不适合进行液压试验的容器（如容器内不允许有微量残留液体），或由于结构原因不能充满液体的塔类容器（液压试验时液体重力可能超过承受能力），可采用气压试验。

（1）液压试验　在被试验的压力容器中注满液体，再用泵逐步增加试验压力以检验容器的整体强度及致密性。

液压试验的介质多采用洁净的水，故常称为水压试验。无论采用何种液体作为试验介质，试验时的温度应不高于试验液体的闪点温度或沸点温度。

（2）气压试验　由于气体具有可压缩的特点，盛装气体的容器一旦发生事故所造成的危害较大，所以在进行气压试验以前必须对容器的主要焊缝进行 100% 的无损探伤，并应增加试验现场的安全设施。气压试验时所用气体多为干燥洁净的空气、氮气或其他惰性气体。

3. 气密性试验

气密性试验是对密封性要求高的重要容器在强度试验合格后进行的泄漏检验。

容器工作时盛装的介质危险程度较大时，需要进行气密性试验。气密性试验应在液压试验合格后进行，在进行气密性试验前，应将容器上的安全附件装配齐全。

进行气密性试验时，压力应缓慢增加，达到规定试验压力后保压 10min，之后降至设计压力，对所有焊接接头和连接部件进行泄漏检查，检查中如发现泄漏，应修补后重新进行液压试验和气密性试验。

4. 无损检验

生产中常利用一些物理现象进行测定或检验被检材料或焊件的有关技术参数，如温度、压力、黏度、电阻等，来判断其内部存在的问题，如内应力分布情况、内部缺陷情况等。有关材料技术参数测定的物理检验方法属于材料测试技术。材料或焊件内部缺陷的检验，一般都是采用无损检验的方法。目前最常用的无损探伤方法有超声波探伤、射线探伤、磁粉探伤、渗透探伤等。

5. 焊接产品在制质量检验

重型或大型复杂的焊接结构，多是单件或小批生产，为了及时发现制造过程中的质量问题，避免产生废品，一般对每一道关键工序采取预先检验（即焊前质量检验）、中间检验（即焊接过程中的质量控制）和最后检验（即焊后成品的质量检验）的方式。在批量生产过程中，在下列情况下宜采用100%的产品检验。

① 产品价格很高，出现一个废品会带来很大的经济损失。

② 产品质量好坏会给人们生命安全带来很大危害。

③ 条件允许的检验，如焊接的表面缺陷等。

④ 抽检后发现不合格品较多或整批不合格。

为了缩短生产周期，减少检验费用，在下列情况下可考虑采用抽检，即部分产品检验。

① 产品上有相同类型的焊缝，且是在同一工艺条件下焊接的，可抽检其中部分产品。

② 产品数量很多，而加工设备优良，质量比较稳定可靠时，可抽检其中部分产品。

③ 被检对象是生产线上连续性产品，如高频焊管、压制涂料时的电焊条等。

④ 对产品的力学性能和物理性能进行破坏性试验时，或对特殊产品进行爆破试验时，可抽检其中部分产品，如液化石油气钢瓶、乙炔钢瓶等产品。

第二节　焊接安装工程项目质量管理

一、项目质量管理的概念

项目质量管理是指为达到项目质量要求而采取的作业技术和活动。工程项目质量要求则主要表现为工期合同、设计文件、技术规范中所规定的质量标准，因此，工程项目质量管理就是为了保证达到工程合同设计文件和标准规范规定的质量标准而采取的一系列措施、手段和方法。

二、项目质量管理的目标

项目质量管理是指采取有效措施，确保实现合同（设计承包合同、施工承包合同与订货合同等）商定的质量要求和质量标准，避免常见的质量问题，达到预期目标。

焊接安装工程项目的质量管理在项目管理中占有特别重要的地位，确保工程项目的质量，是工程技术人员和项目管理人员的重要使命。要求焊接安装企业在安装过程中推行全面质量管理、价值工程等现代管理方法，使施工质量提高。

三、项目施工阶段质量管理

1. 项目施工质量控制阶段和内容

焊接安装工程施工阶段，是工程设计的意图最终实现并形成工程实体的阶段，也是工程质量管理的重要阶段。施工阶段的质量控制可分为事前控制、事中控制和事后控制三个阶段，见表1-1。

2. 焊接项目安装质量管理过程

焊接安装工程项目的安装质量管理是从工序质量到分项工程质量、分部工程质量、单位工程质量的系统管理过程，也是一个由对投入原材料的质量管理开始，直到完成工程质量检验为止的系统过程。

表 1-1　焊接安装工程施工阶段的质量控制和内容

质量控制阶段	概念	质量管理内容及要求		
事前控制	在各工程对象正式施工活动开始前,对各项准备工作及影响质量的各因素和有关方面进行的质量管理	施工准备质量控制	施工机具、检测器具质量管理	
			工程设备原材料、半成品及构配件质量管理	
			质量保证体系、施工人员资格审查、操作人员培训	
			质量管理系统组织	
			施工方案、施工计划、施工方法、检验方法审查	
			工程技术环境监督检查	
			新技术、新工艺、新材料审查把关	
		图纸会审及技术交底、施工组织设计交底、分项工程技术交底		
		施工许可证(开工审批手续),把好开工关		
事中控制	施工过程中对所有与工程最终质量有关的各环节的质量的管理,也包括对施工过程的中间产品(工序产品或分项,分部工程产品)质量的管理	施工过程质量管理	工序管理	一般工序管理
				特殊工序管理
			工序之间的交接检查	
			隐蔽工程质量管理	
		设备监造		
		中间产品质量管理		
		分项、分部工程质量验收或评定		
		设计变更与图纸修改的审查		
事后管理	对通过施工过程所完成的具有独立的功能和使用价值的最终产品(单位工程或工程项目)及有关方面(例如质量文档)的质量进行管理	竣工质量检验	联动试车	
			验收文件审核	
			竣工验收	
		工程质量评定		
		工程质量文件审核与建档		
		回访和保修		

3. 施工工序的质量管理

工序质量是指施工过程中人、材料、机械、工艺方法和环境等对产品综合作用过程的质量,也称过程质量。

工序质量包括两方面的内容:一是工序活动条件的质量;二是工序活动效果的质量。从质量管理的角度来看,这两者是相互关联的,一方面要管理工序活动条件的质量,即每道工序投入品的质量(人、材料、机械、方法和环境的质量)是否符合要求;另一方面又要管理工序活动效果的质量,即每道工序安装完成的工程产品是否达到有关质量标准。

工序质量的管理,就是对工序活动条件和工序活动效果的质量管理,据此来达到整个安装过程的质量管理。

工序质量管理主要包括两方面的管理,即对工序施工条件的管理和对施工效果的管理。

(1) 工序施工条件的管理　工序施工条件是指从事工序活动的各种生产要素及生产环境条件。管理主要采取检查、测试、试验、跟踪监督等方法。管理依据是设计质量标准、材料标准、机械设备技术性能标准、操作规程等。对工序准备的各种生产要素及环境条件宜采用事前质量管理的模式（预控）。

工序施工条件的管理的模式包括以下两方面。

① 安装准备方面的管理 在工序安装前应对影响工序质量的因素或条件进行监控，管理的内容一般包括：人的因素，如施工操作者和有关人员是否符合标准；施工机械设备的条件，如其规格、性能、数量能否满足要求，质量有无保障；采用的安装方法及工艺是否恰当，产品质量有无保证；安装的环境是否良好等。这些因素或条件应当符合规定的要求或保持良好状态。

② 安装过程中对工序活动条件的管理 对影响工序产品质量的各因素的管理不仅体现在开工前的安装准备中，还应贯穿于整个安装过程，包括各工序、各工作质量的保证与强制活动。在安装过程中，工序活动是在经过审查认可的施工准备的条件下开展的，要注意各因素或条件的变化，如果发现某种因素或条件向不利于工序质量方面变化，应及时予以管理或纠正。

在各种因素中，投入安装的物料如材料、半成品，以及安装操作或工艺是最活跃和易变化的因素，应予以特别监督与管理。

（2）工序安装效果的管理 工序安装效果主要反映在工序产品的质量特征和特性指标方面，对工序安装效果控制就是控制工序产品的质量特征和特性指标是否达到设计要求和施工验收标准。工序安装效果质量管理一般属于事后质量管理，其管理的基本步骤包括实测、统计、分析、判断、纠正或认可。

① 实测 即采用必要的检测手段，对抽取的样品进行检验，测定其质量特性指标（如某焊缝的力学性能是否达到设计要求）。

② 统计及分析 即对检测所得数据进行整理、分析，找出规律。

③ 判断 根据数据分析的结果判断该工序产品是否达到了规定的质量标准，如果未达到应找出原因。

④ 纠正或认可 如发现质量不符合规定标准应采取措施纠正；如果质量符合要求则予以认可。

4. 质量控制点的设置

质量控制点是指为了保证工序质量而确定的重点控制对象、关键部位或薄弱环节。设置质量控制点是保证达到工序质量要求的必要前提，监理工程师在拟定质量管理工作计划时，应详细考虑，并以制度来保证落实。对于质量控制点，一般要事先分析可能造成质量问题的原因，再针对原因制定对策和措施进行预控。

（1）质量控制点设置的原则 根据工程的重要程度及质量特性值对整个工程质量的影响程度来确定。在设置质量控制点时，首先要对安装的工程对象进行全面分析、比较，确定质量控制点；之后进一步分析所设置的质量控制点在安装中可能出现的质量问题或造成质量隐患的原因，针对隐患的原因相应提出对策、措施来预防。

质量控制点的涉及面较广，根据工程特点，视其重要性、复杂性、精确性、质量标准和要求，可能是结构复杂的某一工程项目，也可能是技术要求高、安装难度大的某一结构构件或分项、分部工程，也可能是影响质量关键的某一环节中的某一工序或若干工序。总之，无论是操作、材料、机械设备、施工顺序、技术参数、自然条件、工程环境等，均有可能被设置成质量控制点，主要是视其对质量特征影响的大小及危害程度而定。

质量控制点一般设置在下列部位。

① 重要的和关键性的安装环节和部位。

② 质量不稳定、安装质量没有把握的安装工序和环节。

③ 安装技术难度大、安装条件困难的部位或环节。

④ 质量标准或质量精度要求高的安装内容和项目。

⑤ 对后续安装或后续工序质量或安全有重要影响的安装工序或部位。

⑥ 采用新技术、新工艺、新材料安装的部位或环节。

（2）质量控制点的实施要求

① 交底 将控制点的"控制措施设计"向操作班组进行认真交底，必须使工人真正了解操作要点，这是保证制造质量，实现"以预防为主"思想的关键一环。

② 质量控制人员在现场指导、检查、验收，对重要的质量控制点，质量管理人员应当进行指导、检查、验收。

③ 工人按作业指导书认真操作，保证操作中每个环节的质量。

④ 按规定进行检查并认真记录检查结果，取得第一手数据。

⑤ 运用数理统计方法不断分析与改进，直至质量控制点验收合格。

四、影响工程质量的因素

在质量控制的过程中，无论是对投入资源的控制，还是对安装过程的控制，都应当对影响工程实体质量的因素进行分析和控制，影响焊接安装工程质量的因素主要包括"人、机、料、法、环"五个方面，见表1-2。

表1-2 影响焊接安装工程质量的因素

影响因素	内 容	
人	管理者资质(学历、职称、岗位证书)	总承包方资质
	操作者资质(技术等级、上岗证)	
	分包方资质	
	业务、技术、操作的培训教育	
设备、材料	工程设备质量	
	原材料半成品、构配件质量	
施工机具	施工机械设备、工具	
	检测器具	
	消防和其他设备	
方法工艺	施工组织设计	
	安装方案、作业指导书	
	法律、法规、规程	
	工程标准、工艺立法、工艺标准、操作规程、相关制度	
环境	现场安装环境(场地、空间、交通运输、照明、水、电、气)	
	自然环境条件(气象、地质、水位)	
	工程技术条件(设计图纸、开工审批、设计交底、图纸会审)	
	设计变更洽商	
	项目管理条件	质量管理体系
		质量保证活动

第三节　焊接生产质量管理体系

一、质量管理体系

1. 质量管理体系的定义

ISO 9001：2005 对质量管理体系的标准定义为："在质量方面指挥和控制组织的管理体系"，通常包括制定质量方针、目标以及质量策划、质量控制、质量保证和质量改进等活动。要实现质量管理的方针目标，有效地开展各项质量管理活动，必须建立相应的管理体系，这个体系就是质量管理体系。

质量管理是企业内部建立的、为保证产品质量或质量目标所必需的、系统的质量活动。它根据企业特点选用若干体系要素加以组合，加强从设计研制、生产、检验、销售、使用全过程的质量管理活动，并使之制度化、标准化，成为企业内部质量工作的要求和活动程序。

在现代企业管理中，目前质量管理体系最新的标准是 ISO 9001：2008，是企业普遍采用的质量管理体系。

2. 建立焊接生产质量管理体系的意义

随着焊接技术快速发展，先进焊接方法、焊接设备、焊接材料不断问世，焊接这种加工方式在生产中的应用越来越广泛。为了确保焊接结构生产的质量，保护用户的利益，并降低焊接生产成本，提高生产企业的社会效益和经济效益，焊接结构生产企业建立一套规范有效的焊接生产质量管理和质量保证体系是必不可少的。

3. 质量管理体系的内涵

质量管理体系的内涵是：以质量管理为中心，以全员参与为基础，目的在于通过让用户满意和本组织所有者、员工、供方、合作伙伴或社会等相关方均受益而使质量管理达到长期成功的一种管理途径。

(1) 质量管理体系应具有符合性　有效开展质量管理，必须设计、建立、实施和保持质量管理体系。组织的最高管理者对依据 ISO 9001 国际标准设计、建立、实施和保持质量管理体系的决策负责，对建立合理的组织结构和提供适宜的资源负责。管理者代表和质量职能部门对形成文件的程序的制定和实施、过程的建立和运行负直接责任。

(2) 质量管理体系应具有唯一性　质量管理体系的设计和建立，应结合组织的质量目标、产品类别、过程特点和实践经验。因此，不同组织的质量管理体系有不同的特点。

(3) 质量管理体系应具有系统性　质量管理体系是相互关联和作用的组合体，包括如下内容。

① 组织结构　合理的组织机构和明确的职责、权限及其协调的关系。

② 程序　规定到位的形成文件的程序和作业指导书，是过程运行和进行活动的依据。

③ 过程　质量管理体系的有效实施，是通过其所需过程的有效运行来实现的。

④ 资源　必需、充分且适宜的资源包括人员、资金、设施、设备、料件、能源、技术和方法。

(4) 质量管理体系应具有全面有效性　质量管理体系的运行应是全面有效的，既能满足组织内部质量管理的要求，又能满足组织与顾客的合同要求，还能满足第二方认定、第三方认证和注册的要求。

(5) 质量管理体系应具有预防性　质量管理体系应能采用适当的预防措施，有一定的防止重要质量问题发生的能力。

（6）质量管理体系应具有动态性 最高管理者定期批准进行内部质量管理体系审核，定期进行管理评审，以改进质量管理体系；并支持质量职能部门（含车间）采用纠正措施和预防措施改进过程，从而完善体系。

（7）质量管理体系应持续受控 质量管理体系所需过程及其活动应持续受控。

（8）质量管理体系应最佳化 组织应综合考虑利益、成本和风险，通过质量管理体系持续有效运行使其最佳化。

二、ISO 9000 标准

1. ISO 9000 标准简述

随着人们对产品质量与效益关系的认识不断加强，人们意识到，产品质量的提高与企业获得社会效益和经济效益并不矛盾。为了适应国际贸易和国际间的技术经济合作与交流的需要，为了提高世界范围内质量管理水平，国际标准化组织（ISO）于 1987 年推出 ISO 9000 "质量管理和质量保证"系列标准，从而使世界质量管理和质量保证活动有了一个统一的基础。ISO 9000 在世界范围内产生了十分广泛而深刻的影响，它标志着质量管理和质量保证标准走向了规范化、系列化和程序化的高度。

ISO 9000 族标准的主要目标是全面质量改进，它不仅使企业的质量管理得到不断加强，同时也提高了企业的市场竞争能力。目前，世界上已有近 80 个国家等同或等效采用了 ISO 9000 标准，有 30 多个国家依据该标准开展了质量认证。

我国于 1992 年发布了质量管理体系国家标准 GB/T 19000 系列，于 1993 年 1 月 1 日起在全国实施。这个质量标准系列与 ISO 9000 系列标准等同。

ISO 9000 的标准数量很多，且目前还在发展之中。它分为术语标准、主体标准和支持性标准三大类。

实施 ISO 9000 族标准，是参与国际竞争、发展对外贸易的要求；是建立现代企业制度、适应市场经济发展的重要组成部分；是全面提高企业素质、强化质量管理的手段。

一些经济发达国家，已对供货者提出要求，产品必须符合 ISO 9000 族标准的要求，否则不准进入该国家市场。

2. ISO 9000 标准的内涵

ISO 9000 标准的内涵：它是一种规范的管理模式，是一种有监督机制的管理模式，是一种追求实用的管理模式。首先，ISO 9000 适用性强，它适用于各种类型、不同规模和生产不同产品的组织。无论是政府、学校、医院、军队还是企业，只要存在管理都可以采用。由于 ISO 9000 适用范围广，因此，标准条文是比较原则的。其次，ISO 9000 有一个市场经济的经营理念。2000 版 ISO 9000 标准提出了八项质量管理原则，就是根据市场经济要求提出来的，具体内容如下。

① 以顾客为关注焦点。

② 领导作用。

③ 全员参与。

④ 过程方法。

⑤ 系统的管理方法。

⑥ 基于事实的决策方法。

⑦ 持续改进。

⑧ 互利的供方关系。

再次，ISO 9000 有一套通用的管理模式，即进行任何活动都要经过策划（P）、实施（D）、检查（C）、改进（A）这四个环节的循环。这对组织的任何管理都有参考价值。

三、全面质量管理（TQM）

1. 全面质量管理概念

全面质量管理是指在全社会的推动下，企业中所有部门、所有组织、所有人员都以产品质量为核心，把专业技术、管理技术、数理统计技术集合在一起，建立起一套科学严密高效的质量保证体系，控制生产过程中影响质量的因素，以优质的工作、最经济的办法提供满足用户需要的产品的全部活动。

2. 全面质量管理特点

全面质量管理的特点如下：具有全面性，控制产品质量的各个环节，各个阶段；是全过程的质量管理；是全员参与的质量管理；是全社会参与的质量管理。

3. 全面质量管理的意义

全面质量管理的意义是：它能提高产品质量、改善产品设计、加速生产流程、鼓舞员工的士气和增强质量意识、改进产品售后服务、提高市场的接受程度、降低经营质量成本、减少经营亏损、降低现场维修成本、减少责任事故。

4. 全面质量管理的内容

全面质量管理过程的全面性，决定了全面质量管理的内容包括设计过程、制造过程、辅助过程和使用过程四个过程的质量管理。

（1）设计过程质量管理的内容　产品设计过程的质量管理是全面质量管理的首要环节。这里所指的设计过程，包括市场调查、产品设计、工艺准备、试制和鉴定等过程（即产品正式投产前的全部技术准备过程）。主要工作内容包括通过市场调查研究，根据用户要求、科技情报与企业的经营目标，制定产品质量目标；组织有销售、使用、科研、设计、工艺、制度和质管等多部门参加的审查和验证，确定适合的设计方案，保证技术文件的质量，做好标准化的审查工作，督促遵守设计试制的工作程序等。

（2）制造过程质量管理的内容　制造过程是指对产品直接进行加工的过程。它是产品质量形成的基础，是企业质量管理的基本环节。它的基本任务是保证产品的制造质量，建立一个能够稳定生产合格品和优质品的生产系统。主要工作内容包括组织质量检验工作，组织和促进文明生产，组织质量分析，掌握质量动态，组织工序的质量控制，建立质量控制点等。

（3）辅助过程质量管理的内容　辅助过程是指为保证制造过程正常进行而提供各种物资技术条件的过程。它包括物资采购供应、动力生产、设备维修、工具制造、仓库保管、运输服务等。它主要内容有：做好物资采购供应（包括外协准备）的质量管理，保证采购质量，严格入库物资的检查验收，按质、按量、按时地提供生产所需要的各种物资（包括原材料，辅助材料，燃料等），组织好设备维修工作，保持设备良好的技术状态，做好工具制造和供应的质量管理工作等。

（4）使用过程质量管理的内容　使用过程是考验产品实际质量的过程，它是企业内部质量管理的继续，也是全面质量管理的出发点和落脚点。这一过程质量管理的基本任务是提高服务质量（包括售前服务和售后服务），保证产品的实际使用效果，促使企业不断研究和改进产品质量。主要工作内容有：开展技术服务工作，处理出厂产品质量问题，调查产品使用效果和用户要求。

5. 全面质量管理的发展与兴起

全面质量管理是企业管理现代化、科学化的一项重要内容。它于 20 世纪 60 年代产生于美国，后来在西欧与日本逐渐得到推广与发展。它应用数理统计方法进行质量控制，使质量管理实现定量化，变产品质量的事后检验为生产全过程的全面质量控制。全面质量管理类似于日本式的全面质量控制（TQC）。首先，质量的涵义是全面的，不仅包括产品服务质量，而且包括工作质量，用工作质量保证产品或服务质量；其次，TQC 是全过程的质量管理，不仅要管理生产制造过程，而且要管理采购、设计直至储存、销售、售后服务的全过程。

好的质量是设计、制造出来的，不是检验出来的；质量管理的实施要求全员参与，并且要以数据为客观依据，要视用户为上帝，以用户需求为核心；在实现方法上，要一切按PDCA循环办事。

TQM 能够在全球获得广泛的应用与发展，与其自身的功能是密不可分的。总的来说，TQM 可以为企业带来如下益处：缩短总运转周期；降低保证质量所需的成本；缩短库存周转时间；提高生产率；追求企业利益和成功；使用户完全满意；最大限度获取利润。

6. 全面质量管理在企业中的实施

质量对于现代社会经济发展有着重要作用。当今世界科学技术发展日新月异，市场竞争日益激烈。归根到底，竞争的核心是科学技术和质量。科学技术是第一生产力，而质量则是社会物质财富的重要内容，是社会进步和生产力发展的一个标志，所以质量不仅是经济、技术问题，同时它还关系到一个国家在国际社会的声誉。目前，我国企业的成本管理、资金管理和质量管理是薄弱环节。企业只有有效地进行质量体系建设，才能提高自身素质，在市场经济的大潮中生存、发展。

四、全面质量管理与 ISO 9000 的对比

1. ISO 9000 与 TQM 的相同点

首先两者的管理理论和统计理论基础一致。两者均认为产品质量形成于产品全过程，都要求质量体系贯穿于质量形成的全过程；在实现方法上，两者都使用了 PDCA 质量环运行模式。其次，两者都要求对质量实施系统化的管理，都强调"一把手"对质量的管理。再次，两者的最终目标一致，都是为了提高产品质量，满足用户的需要，都强调任何一个过程都是可以不断改进，不断完善的。

2. ISO 9000 与 TQM 的不同点

首先，期间目标不一致。TQM 质量计划管理活动的目标是改变现状。其作业只限于一次，目标实现后，管理活动也就结束了，下一次计划管理活动，虽然是在上一次计划管理活动结果的基础上进行的，但绝不是重复与上次相同的作业。而 ISO 9000 质量管理活动的目标是维持标准现状。其目标值为定值，其管理活动是重复相同的方法和作业，使实际工作结果与标准值的偏差量尽量减少。其次，工作中心不同。TQM 是以人为中心，ISO 9000 是以标准为中心。再次，两者执行标准及检查方式不同。实施 TQM 企业所制定的标准是企业结合其自身特点制定的自我约束的管理体制，其检查方主要是企业内部人员，检查方法是考核和评价（方针目标讲评、质量控制小组成果发布等）。ISO 9000 系列标准是国际公认的质量管理体系标准，它是供世界各国共同遵守的准则。贯彻该标准强调的是由公正的第三方对质量体系进行认证，并接受认证机构的监督和检查。

TQM 是一个企业达到长期成功的管理途径，但成功地推行 TQM 必须达到一定的条件。对大多数企业来说，直接引入 TQM 有一定的难度。而 ISO 9000 则是质量管理的基本要求，它只要求企业稳定组织结构，确定质量体系的要素和模式就可以贯彻实施。贯彻 ISO 9000 系列标准和推行 TQM 之间不存在截然不同的界限，把两者结合起来，才是现代企业质量管理深化发展的方向。

企业开展 TQM，必须从基础工作抓起，认真结合企业的实际情况和需要，贯彻实施 ISO 9000 族标准。应该说，认证是企业实施标准的自然结果。而先行通过不正当途径通过认证，认证后再逐步实施，是本末倒置的表现。并且，企业在贯彻 ISO 9000 标准、取得质量认证证书后，一定不要忽视甚至丢弃 TQM。

五、焊接生产企业的质量管理体系

对产品制造的全过程，按其内在的联系，可划分若干个既相对独立又有机联系的控制系统、控制环节和控制点，并采取组织措施，遵循一定的制度，使这些系统、环节和控制点的工作质量得到有效控制，并按规定的程序运转。而组织措施，就是设置一个完整的质量管理机构，并在各控制、环节和控制点上配备符合要求的质控人员。

对于车间生产方式，质量控制点的设置原则以及焊接质量管理体系的控制系统如下。

1. 质量控制点的设置

任何一个焊接生产过程总有多项不同的质量特性要求。例如，锅炉的安全性与原材料的材质好坏、焊缝的好坏关系很大，而容器表面的防腐层颜色不均匀则只影响外观。前者的质量是致命的，在生产过程中应重点控制，这就是质量控制点。

设置质量控制点一般考虑以下原则。

① 对产品的适用性（性能、精度、寿命、可靠性、安全性）有严重影响的关键质量特性、关键部位或重要影响因素，应设置质量控制点。

② 对工艺上有严格要求，对后一道工序的工作有严重影响的关键质量特性、部位应设置质量控制点。

③ 对质量不稳定，出现不合格产品较多的工序或项目，应设置质量控制点。

④ 对用户反馈的重要不良项目，应设置质量控制点。

⑤ 对紧缺物资或可能对生产安排有严重影响的关键项目，应设置质量控制点。

2. 焊接生产质量管理体系的控制系统

焊接生产质量管理体系的控制系统主要有：材料质量控制系统、工艺质量控制系统、焊接质量控制系统、无损检测质量控制系统。

（1）材料质量控制系统 材料质量控制的任务是确保所使用的材料都是合格的，在生产流程中，始终处于可控状态。对焊接生产来说，这些材料包括原材料、焊接材料、外协件和外购件等。

焊接材料质量控制系统是从编制材料计划到订货、采购、到货、验收、保管、发放、标记移植等全过程进行控制，重点是入厂验收并严格管理和可靠发放，坚持标记移植制度。

对用于重要焊接结构如压力容器的原材料，应进行材料复验，主要进行力学性能试验、对成分进行化学分析、无损探伤等。

（2）工艺质量控制系统 工艺质量控制的主要任务是编制指导生产过程所需的工艺性文件。如对下料、弯卷、冲压、耐压试验和气密性试验等编制通用的工艺卡，对于一些特殊的工序编制专用工艺卡。另外，对加工图样进行工艺性审查，作出工艺分析，确定加工方案，并编制材料汇总表，估算工时定额，编制加工工艺过程卡，提出工装设计及焊接工艺评定等。

（3）焊接质量保证系统　该系统主要包括焊工考试、焊接工艺评定、焊接材料管理、焊接设备管理和产品焊接等几个项目。每个项目又包括多个内容，如产品焊接的控制又包括焊前清理、定位焊的控制、产品试板、焊工印记、施焊记录、施焊工艺的检查、焊缝检查、焊缝返修的控制及焊后热处理等多道环节。

（4）无损检测质量控制系统　该系统包括对重要焊接结构的原材料进厂时进行无损检测控制、对重要焊接结构完成焊接后的焊缝进行无损检测检验、对焊工技能考试及工艺评定试板进行无损检测后评定等。主要的无损检测类型有：超声波检测、射线检测、磁粉检测、渗透检测等。各种无损检测记录及报告签发后，交焊接试验室立案存档。

第四节　焊接工艺评定

焊接工艺评定是指在新产品、新材料投产前，为制定焊接工艺规程，通过对焊接方法、焊接材料、焊接参数等进行选择和调整的一系列工艺性试验，以确定获得标准规定的焊接质量的正确工艺。

一、焊接工艺评定程序

焊接工艺评定的最终目的是使产品的焊接质量获得可靠保证，其工作量一般都很大。为了做到用最少的评定工作量就能涵盖整个产品的焊接工艺，一方面要掌握标准中的各项规定，其中注意评定规则、替代范围、试验方法和合格标准；另一方面要分析产品结构特点，要特别注意那些明显影响焊接接头使用的重要因素。如母材金属和填充金属的类别、组别，材料厚度范围，各种焊接接头的焊缝形式，可能的焊接位置等。改变任何影响使用性能的因素，都必须重新进行焊接工艺评定。

在对待生产的焊接结构进行了焊接生产工艺分析之后，能够确定在焊接生产中遇到的各种焊接接头，对这些接头的相关数据，如材质、板厚、焊接位置、坡口形式及尺寸、焊接方法等进行整理编号，进而确定需要进行焊接工艺评定的焊接接头。

制定焊接工艺应该遵循如下的基本原则。

（1）保证质量　获得外观和内在质量满意的焊接接头，焊接变形在允许的范围之内，应力尽量小。

（2）提高焊接生产率　如便于施焊、可达性好、翻转次数少、可利用焊接夹具及焊接变位机械使焊接在最有利的位置进行、实现机械化和自动化焊接等。

焊接工艺评定的程序如下。

1. 编制焊接工艺评定指导书

通常由生产单位的设计或工艺技术管理部门根据新产品结构、材料、接头形式、所采用的焊接方法和钢板厚度范围，以及老产品在生产过程中因结构、材料或焊接工艺的重大改变，需要重新编制焊接工艺规程时，提出需要焊接工艺评定的项目。

对于所提出的焊接工艺评定项目经过一定审批程序后，根据有关法规和产品的技术要求编制焊接工艺评定任务书。其内容包括：产品订货号、接头形式、母材金属牌号与规格、对接头性能的要求、检验项目和合格标准。

根据焊接工艺评定任务书的要求，通常由焊接工程师编制焊接工艺评定指导书。其内容包括以下几个方面。

① 结构名称、接头名称和文件编号。

② 母材的钢号、分类号和规格。

③ 接头形式、坡口及尺寸。

④ 焊接方法。

⑤ 焊接参数及热参数（预热、后热及焊后热处理参数）。

⑥ 焊接材料（包括焊条、焊丝、焊剂、保护气等）。

⑦ 焊接位置（立焊时还应包括焊接方向）。

⑧ 焊前准备、焊接要求、清根、锤击等其他技术要求。

⑨ 编制的日期、编制人、审批人的签字。

具体焊接工艺评定指导书的格式，可由有关部门或制造厂自行确定。编制焊接工艺评定指导书是一项需要运用专业知识、文献资料和实际经验的工作，编制的准确性将直接影响焊接工艺评定的结果。

2. 试件的准备与焊接

根据制定的焊接工艺指导书，由焊接工程师或技术人员根据有关标准的规定，进行焊接试件的准备与焊接，主要内容如下。

① 按标准规定的图样，选用材料并加工成待焊试件。

② 使进行焊接工艺评定所用的焊接设备、装备处于正常工作状态。

应注意，焊工必须是熟练的技师或持证焊工。

③ 试件焊接是焊接工艺评定的关键环节之一。要求焊工按焊接工艺评定指导书的规定认真操作，同时应有专人做好施焊记录。施焊记录是现场焊接的原始资料，是焊接工艺评定报告的重要依据。

3. 试件检验与测试

需要对焊接好的试件进行各种检验和性能测试，主要包括焊缝缺陷检验和力学性能试验两个部分。

（1）对试件进行焊缝质检　对接焊缝的试件，需进行外观检查、无损探伤；对角焊缝试件，需进行外观检查，然后切取金相试样，进行宏观金相检验；对角焊缝试件同样进行外观检验，但规定断口试验的试样是使其根部受拉并折断，检查断口全长有无缺陷。另外，对于组合焊缝的试件，分为全焊透和未全焊透两类，检验项目方法和角焊缝试件是一样的。

（2）对于焊缝缺陷检验合格的试件，按标准规定进行力学性能试验，包括拉伸、弯曲，有的还包括冲击、硬度试验。各种力学性能的试样尺寸和实验过程可以参考相关标准。

不同形状的材料试样的选取方法不同，可参照相关资料进行选取。

4. 编制焊接工艺评定报告

在完成各项检测后，焊接工程师汇集所有试验记录和试验报告，编制焊接工艺评定报告。它实际上也是评定的记录，故其内容包括了焊接工艺评定指导书的内容。所不同的是，所有项目不是拟定的，而是实际的记录。

例如，母材和焊材附上质量证明，实际坡口形式和尺寸、施焊参数和操作方法，应记录焊工姓名和钢印号，还有报告编号、指导书编号、相应的焊接工艺规程编号等，最后应有评定结论，即使不合格也要作报告，并分析原因，提出改进措施，修改焊接工艺指导书，重新进行评定，直到合格为止。评定结束，将评定报告或评定记录，连同全部的资料作为一份完整的存档材料保存。

编写焊接工艺评定报告的内容大体分成两大部分：第一部分是记录焊接工艺评定试验的

条件，包括试件材料牌号、类别号、接头形式、焊接位置、焊接材料、保护气体、预热温度、焊后热处理温度和焊接能量参数等；第二部分是记录各项检验结果，其中包括拉伸、冲击、弯曲、硬度、宏观金相、无损检验和化学成分分析结果等。

二、焊接工艺评定的规则

各类焊接工艺评定标准都规定了基本的焊接工艺评定程序或规则。除一些细节外，这些规则大致相同。现以钢制压力容器为例，说明焊接工艺评定的重要规则。

① 焊接工艺评定是制定焊接工艺规程的依据，应用处于正常工作状态的设备、仪表，由技能熟练的焊接人员用符合相应标准的钢材、焊材焊接试件，进行各项试验，并应于产品进行正式生产之前完成。有的标准规定某制造厂进行了的焊接工艺评定及随后编制的工艺规程只适用于该制造厂。

② 当改变焊接方法时，均应重新进行焊接工艺评定。对一条焊缝使用两种或两种以上焊接方法时，标准规定了相应的评定方法。

③ 新材料或施焊单位首次焊接的钢种需进行评定。为了减少焊接工艺评定数量，将母材金属中按强度和冲击韧度的等级进行分组。以钢制压力容器为例，JB 4708—2000 将钢制压力容器常用国产钢种划分为 8 类，每类又分成 1～3 组不等。该标准规定：凡一种母材评定合格的焊接工艺，可用于同组别号的其他母材；在同组别号中，高组别号母材的评定，适用于低组别号母材的评定，适用于该组别号母材与低组别号线材所组成的焊接接头；除上述这两种情况外，母材组别号改变时，需重新评定；当不同类别号的母材组成焊接接头时，即使母材各自都已评定合格，仍需重新评定。

④ 焊接工艺因素分为重要因素、补加因素和次要因素。重要因素是指影响焊接接头拉伸和弯曲性能的焊接工艺因素；补加因素是指接头性能有冲击韧性要求时需增加的附加因素；次要因素是指对要求测定的力学性能无明显影响的焊接工艺因素。当变更任何一个重要因素时都需要重新评定焊接工艺；当增加或变更任何一个补加因素时，只按增加或变更的补加因素增加冲击韧性试验。变更次要因素不需重新评定，但需重新编制焊接工艺。由于焊接工艺因素很多，而且同一工艺因素对某一焊接方法或焊接工艺是重要因素，对另一焊接方法或焊接工艺可能是补加因素，也可能是次要因素。各标准都制定了工艺评定因素表。为了减少评定的工作量，将众多母材及不同的厚度分成不同的类、组别，规定了相互取代的条件，评定时应参照标准执行，防止重复评定，又不致漏评。

⑤ 改变焊后热处理类别，需重新评定。

三、焊接工艺规程的编制

焊接工艺规程，有时也称为焊接工艺卡。对于给定的焊接结构进行焊接工艺分析，工艺方案和工序流程图的确定，车间分工明细及有关工艺标准、资料等是进行焊接工艺规程设计的主要依据。但更重要的是焊接工艺评定报告，它是焊接工艺规程编制的基础。

以制造焊接结构为主的工厂或车间，根据积累的实际生产经验（大量的焊接工艺评定结果）编制通用焊接工艺规程，其中规定了常见的不同材料、不同焊接工艺、不同接头（厚度）的焊接工艺，供生产中选用和执行。而对每一产品都要制定包括焊接工艺在内的专用的工艺规程。焊接工艺规程所包括的基本内容实际和焊接工艺评定报告相差不大，所不同的是焊接工艺规程是针对某一个焊接接头而言的。具体编制时，参考焊接工艺评定报告及相关标准的规则进行。

四、计算机辅助焊接工艺设计

对于重要的焊接结构,如锅炉、压力容器、管道、船舶、桥梁和承载金属结构,都必须按相应制造法规的有关规定进行焊接工艺评定,而且必须以接头为单位按焊接方法、钢种类别、接头厚度、焊材种类、重要焊接参数、焊后热处理制度等逐项进行评定。因此,对于大中型焊接生产企业,每年都需进行上百项焊接工艺评定,数年以后,工艺评定项目总数可能会超过千项。按照焊接工艺评定程序,在新的焊接工艺评定立项前,为避免重复评定,通常应仔细核对拟评定的焊接工艺规程,是否在已有焊接工艺评定报告的范围之内,这种核对工作是十分费时的。另一方面,焊接工程师还必须熟记有关法规所规定的焊接工艺评定规则,以正确无误地对工艺评定项目的必要性进行判断。这项工作不但技术性强,而且必须全面理解法规有关条款,尤其是对新从事焊接工艺评定的工程师,要求短时期内完全掌握正确判断并不容易。这种人工进行的焊接工艺评定及工艺文件的编制和管理在实际应用过程中存在很多问题,受个人经验和知识的影响较大,并且技术准备周期长,工作效率较低;工艺经验及资料缺乏整理与继承,标准化、规范化程度较低;重复性劳动多,工作任务繁重,生产环节衔接不紧密,容易浪费大量的人力、物力、财力。焊接生产管理中的落后局面已不能适应当代焊接技术发展的要求。

计算机在数据处理上有着十分明显的优势,利用它可对焊接工艺过程的参数进行采集、存储并打印出规范的报告书,还可对信息进行实时控制、运算和分析。其测量和记录的速度快,信息存储量大,可实现焊接工艺评定优化设计。此外,数据库系统还具有数据的结构化、数据共享、数据独立性、可控冗余度等特点。利用它可以缩短生产的设计周期、设计成本,大大提高生产的效率和效益,可以克服人工编制工艺文件的诸多缺点,从而实现企业减员增效,使工程师能有更多的精力致力于开拓新的领域。计算机能很好辅助人工进行焊接工艺评定,并帮助焊接工程师进行有效的焊接工艺文件管理,最终使焊接技术向高效、自动化、智能化方向发展。

第二章

焊接生产成本管理

第一节　焊接生产成本的基本知识

一、概述

企业盈利是企业生存的条件，效益最大化是企业的目标。对生产企业来说，提高效益最主要的方法是控制产品成本。

生产成本也称制造成本，是指生产活动的成本，即企业为生产产品而发生的成本。生产成本是生产过程中各种资源利用情况的货币表现，是衡量企业技术和管理水平的重要指标。一方面，从产品价值形成来看，产品成本是价值的一部分；另一方面，从生产消耗来看，产品成本是企业生产和销售产品所支出费用的总和。

成本控制，是企业根据一定时期预先建立的成本管理目标，由成本控制主体在其职权范围内，在生产产品的过程中，对影响成本的各种因素采取一系列预防和调节措施，以保证成本管理目标实现的管理行为。产品成本包括设计成本、采购成本、制造成本、销售成本等。

成本控制的过程是对企业在生产经营过程中发生的各种耗费进行计算、调节和监督的过程，同时也是一个发现薄弱环节，挖掘内部潜力，寻找一切可能降低成本途径的过程。科学地组织实施成本控制，可以促进企业改善经营管理，转变经营机制，全面提高企业素质，使企业在市场竞争的环境下生存、发展和壮大。

成本控制就是指以成本作为控制的手段，通过制定成本总水平指标值、可比产品成本降低率以及明确控制成本的责任等，达到对经济活动实施有效控制的目的的一系列管理活动与过程。

成本控制有两个方面的含义。当成本控制是指降低成本支出的绝对额时，称为绝对成本控制；当成本降低包括统筹安排成本、数量和收入的相互关系，以求收入的增长超过成本的增长，实现成本的相对节约时，则称为相对成本控制。

二、成本控制的基础工作

（一）定额制定

定额是企业在一定生产技术水平和组织条件下，人力、物力、财力等各种资源的消耗达到的数量界限，主要有材料定额和工时定额。成本控制主要是制定消耗定额，只有制定出消耗定额，才能使成本控制起作用。工时定额的制定主要依据各地区收入水平、企业工资战略、人力资源状况等因素。在现代企业管理中，人力成本越来越大，工时定额显得特别重要。在工作实践中，根据企业生产经营特点和成本控制需要，还会出现动力定额、费用定额等。定额管理是成本控制基础工作的核心，建立定额领料制度，控制材料成本、燃料动力成本，建立人工包干制度，控制工时成本，以及控制制造费用，都要依赖定额制度。没有很好的定额，就无法控制生产成本；同时，定额也是成本预测、决策、核算、分析、分配的主要依据，是成本控制工作的重中之重。

（二）标准化工作

标准化工作是现代企业管理的基本要求，它是企业正常运行的基本保证，它促使企业的生产经营活动和各项管理工作达到合理化、规范化、高效化，是成本控制成功的基本前提。在成本控制过程中，下面四项标准化工作极为重要。

1. 计量标准化

计量是指用科学方法和手段，对生产经营活动中的量和质的数值进行测定，为生产经营，尤其是成本控制提供准确数据。如果没有统一计量标准，基础数据不准确，那就无法获取准确的成本信息，更无从谈控制。

2. 价格标准化

成本控制过程中要制定两个标准价格，一是内部价格，即内部结算价格，它是企业内部各核算单位之间，各核算单位与企业之间模拟市场进行"商品"交换的价值尺度；二是外部价格，即在企业购销活动中与外部企业产生供应与销售的结算价格。标准价格是成本控制运行的基本保证。

3. 质量标准化

质量是产品的灵魂，没有质量，再低的成本也是徒劳的。成本控制是质量控制下的成本控制，没有质量标准，成本控制就会失去方向，也谈不上成本控制。

4. 数据标准化

制定成本数据的采集过程，明晰成本数据报送人和入账人的责任，做到成本数据按时报送，及时入账，数据便于传输，实现信息共享；规范成本核算方式，明确成本的计算方法；对成本的书面文件实行国家公文格式，统一表头，形成统一的成本计算图表格式，做到成本核算结果准确无误。

三、成本管理控制目标

在企业发展战略中，成本控制处于极其重要的地位。如果同类产品的性能、质量相差无几，则决定产品在市场竞争中的主要因素是价格，而决定产品价格高低的主要因素则是成本，因为只有降低了成本，才有可能降低产品的价格。成本管理控制目标必须首先是全过程的控制，不应仅是控制产品的生产成本，而应控制的是产品寿命周期成本的全部内容。实践证明，只有当产品的寿命周期成本得到有效控制，成本才会显著降低。而从全社会角度来看，只有如此才能真正达到节约社会资源的目的。此外，企业在进行成本控制的同时还必须要兼顾产品的不断创新，特别是要保证和提高产品的质量，绝不能片面地为了降低成本而忽视产品的质量，更不能为了片面追求眼前利益，采取偷工减料、冒牌顶替或粗制滥造等歪门邪道来降低成本。否则，其结果不但坑害了消费者，最终也会使企业丧失信誉，甚至破产倒闭。

1. 成本动因不只限于产品数量

要对成本进行控制，就必须先了解成本为何发生，它与哪些因素有关，有何关系。对于直接成本（直接材料和直接人工），其成本动因是产品的产量，按产量进行这部分的分配是毫无疑问的。如何有效地控制成本，使企业的资源利用达到最大的效益，就应该从作业入手，力图增加有效作业，提高有效作业的效率，同时尽量减少甚至消除无效作业，这是现代成本控制方法的基础理念，其他各种概念都是围绕其开展的。

2. 成本的含义变得更为宽泛

传统的产品成本的含义一般只是指产品的制造成本，即包括产品的直接材料成本、直接人工成本和应该分摊的制造费用，而将其他的费用放入管理费用和销售费用中，一律作为期间费用，视为与产品生产完全无关。而广义的成本概念，既包括产品的制造成本（中游），还包括产品的开发设计成本（上游），同时也包括使用成本、维护保养成本和废弃成本（下游）的一系列与产品有关的所有企业资源的耗费。相应地，对于成本控制，就要控制这三个环节所发生的所有成本。例如，某产品在用户使用过程中故障较多，企业需消耗人力物力对产品进行维修，亦即增加了产品的维修费用，这个增加了的维修费用，必须包括在产品的成本中。

3. 从成本节省到成本避免

传统的成本降低基本是通过成本的节省来实现的，即力求在工作现场不浪费资源和改进工作方式以减少将发生的成本支出，主要方法有节约能耗、防止事故、以招标方式采购原材料或设备，是企业的一种战术的改进，属于降低成本的一种初级形态。高级形态的成本降低需要企业在产品的开发、设计阶段，通过重组生产流程，来避免不必要的生产环节，达到成本控制的目的，是一种高级的战略上的变革。例如企业买回钢板后根据生产产品需要，需下料成某尺寸的板材。若在购买钢板时在不增加费用的前提下直接要求供货商按该尺寸供货，则可去掉这个下料工序，避免相应的成本。

4. 时间作为一个重要的竞争因素

在价值链的各个阶段中，时间都是一个非常重要的因素。很多行业的各项技术的发展变革速度已经加快，产品的生命周期变得很短。企业能将产品及时地送到用户手中是第一步，更重要的是对用户的意见采取及时的措施进行处理，使用户价值最大化。这样既可以获得市场，又可以随时掌握市场的动态。

四、成本控制的基本原则

1. 全面介入的原则

全面介入原则是指成本控制的全部、全员、全过程的控制。全部是对产品生产的全部费用要加以控制，不仅对变动费用要控制，对固定费用也要进行控制。全员控制是要发动领导干部、管理人员、工程技术人员和广大员工建立成本意识，参与成本的控制，认识到成本控制的重要意义，才能付诸行动。全过程控制，是指对产品的设计、制造、销售过程进行控制，并将控制的成果在有关报表上加以反映，借以发现缺点和问题，及时加以克服和改善。

2. 例外管理的原则

成本控制要将注意力集中在超乎常情的情况。因为实际发生的费用往往与预算有差别，如果差别不大，就没有必要一一查明其原因，而只要把注意力集中在非正常的例外事项上，并及时进行信息反馈。

3. 经济效益的原则

提高经济效益，不单是依靠降低成本的绝对数，更重要的是实现相对的节约，取得最佳的经济效益，以较少的消耗，取得更多的成果。

五、成本控制的内容

成本控制的内容非常广泛。控制内容一般可以从成本形成过程和成本费用分类两个角度加以考虑。

（一）成本形成过程角度

按成本形成过程可分为产品投产前的控制、制造过程中的控制和流通过程中的控制三个部分。

1. 产品投产前的控制

产品投产前成本控制的内容主要包括：产品设计成本，设计加工工艺成本，物资采购成本，生产组织方式，材料定额与劳动定额水平等。这些内容对成本的影响最大，产品总成本主要取决于这个阶段的成本控制工作的质量。这项控制工作属于事前控制方式，在控制活动实施时，真实的成本还没有发生，但它决定了成本将会怎样发生，并基本上决定了产品的成本水平。

2. 制造过程中的控制

制造过程是成本实际形成的主要阶段。绝大部分的成本支出在这里发生，包括原材料、人工、能源动力、各种辅料的消耗、工序间物料运输费用、车间以及其他管理部门的费用支出。投产前控制的种种方案设想、控制措施能否在制造过程中贯彻实施，主要控制目标能否实现，和这阶段的控制活动紧密相关。

3. 流通过程中的控制

包括产品包装、厂外运输、广告促销、销售机构开支和售后服务等费用。在目前强调加强企业市场管理职能的时候，很容易不顾成本地采取种种促销手段，反而抵消了利润增量，所以对促销成本也要进行定量分析。

（二）成本费用角度

按成本费用的构成可分为原材料成本、工资费用成本、制造费用成本和企业管理费用成本四方面。

1. 原材料成本控制

在制造业中原材料费用占总成本的很大比重，一般在 60% 以上，是成本控制的主要对象。影响原材料成本的因素有采购、库存费用、生产消耗、回收利用等，所以控制活动可从采购、库存管理、消耗和回收等环节着手。

2. 工资费用控制

工资在成本中占有一定的比重，增加工资又被认为是不可逆转的。控制工资与效益同步增长，减少单位产品价格中工资的比重，对于降低成本有重要意义。控制工资成本的关键在于提高劳动生产率，它与劳动定额、工时消耗、工时利用率、工作效率、工人出勤率等因素有关。

3. 制造费用控制

制造费用开支项目很多，主要包括折旧费、修理费、辅助生产费用、车间管理人员工资等，虽然它在成本中所占比重不大，但因不引人注意，浪费现象十分普遍，是不可忽视的一项内容。

4. 企业管理费控制

企业管理费指为管理和组织生产所发生的各项费用，开支项目非常多，也是成本控制中不可忽视的内容。

上述这些费用控制都是绝对量的控制，即在产量固定的假设条件下使各种成本开支得到控制。在现实系统中还要达到控制单位产品成本的目标。

（三）产品的质量成本控制

产品的质量成本控制包括两方面的内容：一是预防和检验成本，二是损失性成本。这两者之间存在相互联系、相互制约的关系，是相互矛盾的一对成本。前者与产品质量水平成正比，预防和检验成本增加，也就是相应加强了产品质量的控制，产品质量就会相应提高，这时损失性成本也就相应降低。而损失性成本则与产品质量水平成正比。产品质量下降，废品、次品率升高，损失性成本就必然增高；相反，若产品质量上升，损失性成本就会大大降低。因此，要想使一个企业的质量成本最低，就必须使两者之和达到最小。

第二节 降低焊接生产成本的途径

降低焊接生产成本，应在保证焊接质量的前提下进行。实际生产中，降低焊接生产成本主要有以下途径。

（1）合理设计产品 如果产品零件数减少，将相应地减少材料消耗、工装、加工定额和人员定额。因此，在产品设计阶段，应考虑使结构尽量简单，零件类型品种应尽量少，大量选用标准件。产品的标准化、系列化容易组织机械化、自动化生产，并使工人的技能更易熟练，质量易于保证，工装类型数量减少，累积性效果更大。从而能降低焊接生产成本。

积极扩大同其他企业的生产协作，以减少本企业制造零部件的种类，增加每种零部件的批量，也能降低焊接生产成本。

（2）提高生产量 企业中生产人员和非生产生员（包括技术人员、管理人员、辅助人员）比例一定，若产量提高一倍，生产人员也需增加一倍，但非生产生员仅需少量增加，这相当于大幅提高了这些非生产人员的劳动生产率，从而降低了这部分人员的工资成本。因此，提高生产量是提高生产率、降低生产成本的关键之一。

（3）采用先进的焊接和切割方法 以前，国内焊接生产中最常用的焊接方法是焊条电弧焊。"七五计划"开始时，全面推广高效节能的二氧化碳气体保护电弧焊。和前者相比，后者因少了换焊条、敲渣等工序，加上电流密度大，所以焊接速度提高到前者的 3 倍。而且在节能方面，二氧化碳气体保护电弧焊也比焊条电弧焊有很大的优势，生产同样工程量的焊缝，二氧化碳气体保护电弧焊的能耗要明显少得多。

对于规则焊缝的厚钢板平焊位置的焊接，采用埋弧焊相比于熔化极气体保护焊可以减少工件的坡口加工量，提高焊接速度和质量。和焊条电弧焊相比，焊接生产率提高得更多。

目前，市场上已有成熟的汽油切割机问世，这种切割方法与传统的氧-乙炔切割相比，切割速度相差不多，但同样的切割量，耗材成本不到后者的一半。

而等离子切割机，无论从切割速度还是切割成本来看，都比传统的氧-乙炔切割要好得多。

应该注意的是，选择合适的焊接和切割方法，必须综合考虑各种因素。如焊缝量因素、设备前期投资因素、产品的焊缝质量要求因素等。例如，若产品制造过程中能使用埋弧焊的焊接结构焊缝量较少，则选择埋弧焊就没有优势了，因为埋弧焊设备的前期投资大，灵活性不高；若焊接结构的焊缝性能没有特殊要求，则可选择可使用弧焊变压器作电源的酸性焊条来焊接，而不必选择需直流电源的碱性焊条来焊接。

（4）采用高生产率的焊接材料 如焊条电弧焊时，采用含铁粉的高效率焊条，可提高熔敷系数 30％左右。

（5）选用先进合理的焊接设备和工装 目前市场上销售的焊机中，使用逆变式焊接电源作为弧焊电源的焊机种类越来越多。而逆变式焊接电源与其他传统电源如弧焊变压器、硅弧焊整流器、晶闸管弧焊整流器等相比，具有体积小、重量轻、节省制造材料的优点。在节能和效率方面，逆变式焊接电源的变压器中的铜损和铁损很低，且电子功率器件工作于开关状态，效率高，功率因数高，节能效果十分显著。在焊接质量方面，逆变式焊接电源因为采用电子控制方式，易于控制焊接参数及可获得各种形状的外特性，并保证良好的动特性，获得良好的焊接效果。

而采用合理的变位器、滚轮胎架或自动操纵台，可使工件翻转的时间减少，即减少了焊接辅助时间。另外，通过翻转工件，可使多层焊中，反面层也处于平焊或船形焊位置，提高焊接效率和质量。

（6）采用合理的焊接工艺　选择合理的接头形式，采用转台、变位器等实现平焊或船形焊，设计合理的焊接次序和合理的焊接参数，可提高焊接速度和质量，减少返修量。

（7）提高焊工素质和焊接操作水平　通过淘汰不合格焊工，工作之余对焊工进行必要的技能培训和理论培训，提高焊工的素质和焊接操作水平。制定合理的劳动管理制度和奖励措施，促使现有焊工把自己的生产效率以及施焊质量长期保持在很高的水平。这些措施都是降低焊接生产成本的重要因素。

（8）确保焊工队伍的稳定　在焊接生产过程中，若焊工队伍不稳定，焊工经常更换，则新招焊工即使焊接操作技能不差于前任，但熟悉本焊接结构，熟悉焊接工艺说明书中的各种焊接参数是需要时间的，刚上岗时因不熟悉，会导致焊接生产率下降，其所负责的焊接部件产量达不到计划要求，从而可能导致整体生产暂时不匹配，其他工序上只能临时停工等候，严重时甚至会因不熟悉本焊接结构而生产较多的废品次品。因此，采取有力保障措施，确保焊工队伍，尤其是高技能焊工队伍的稳定，也是降低焊接生产成本的一个因素。

（9）合理配置辅助工人　熟练的焊工的劳务报酬比一般没有技术含量的辅助工人明显要高得多。在生产车间中，根据经验或实际测算，合理配备辅助工人，使一些车间内物流、焊接辅助工作等，由辅助工人完成，可以节省单位焊接量的人工成本。

（10）减少废品次品率并杜绝或减少事故　通过严格的奖惩制度，鼓励工人提高焊接质量和产量，重视安全文明生产，从而减少因为作业人员主观因素而造成的废品次品，杜绝或减少火灾、砸伤等安全事故，均可明显降低焊接生产成本。

（11）采用先进、合理的物流布置　周密计划每月、每周、每天、每时的生产任务，以及所需的金属材料、零配件、焊接材料，采用成熟先进的物流（如零库存），避免生产过程中各种材料接不上或太早到位，可明显降低焊接生产成本。

工厂的各车间布置时，使各车间的空间位置没有工艺和物流倒流；车间工艺布置时，使前后工序在空间上没有工艺和物流倒流。这样，可减少因为物流倒流而造成的时间、运输设备、劳动量的损失，降低焊接生产成本。

（12）构建企业文化以增加员工的企业认同感　人的因素从来都是焊接生产中最重要的因素。通过长期构建企业文化，关心员工的成长，使企业员工对本企业有很强烈的认同感，则可激发员工的主人翁意识，使他们主动进行本工序中能降低生产成本的小发明、小改革的研究，从而提高产品质量，降低生产成本。

（13）做好辅助生产过程以及生产服务过程的配套管理　做好辅助生产过程的配套管理，使正常生产时，原材料、水、电、风、氧、乙炔和焊接用保护气等能正常供应，满足焊接生产的要求。做好生产服务过程的配套管理，使焊接设备、吊车等辅助设备发生故障时能及时维修好，不影响整个生产进度。定期对焊接设备、吊车等辅助设备进行维护，确保正常焊接生产时这些设备不出故障或少出故障。

（14）确保原材料或外协件进厂时的合理价格和质量　同样的焊接结构原材料，不同的供货厂家的价格会有所不同。原料采购人员应通过各种途径，了解到既保证质量，价格又相对便宜的供货厂家。采购材料时，综合考虑单次采购量和物流之间的关系，对于本厂的外协件，可以通过多方考核外协生产厂家，在保证质量的前提下，压低外协件的价格。

（15）定期比较　定期和国内外相似产品的成本进行比较分析，找出降低成本的有效途径。

（16）安全生产　完善企业安全生产管理规章制度，加强对安全规章制度落实执行情况的监督，使企业的焊接生产长期运行在安全状态，即可降低因发生安全事故而造成的物质、人员、工期损失，从而降低产品的成本。

（17）其他因素　如在焊接安装工程施工过程中，关注天气预报，提前了解恶劣天气到来情况，科学地调整安装计划，使露天作业在非恶劣天气时进行，不至于因为不能作业而造成工人停工，延长工期，避免增加相应的劳动力成本和设备占用成本。

（18）动作经济原则　参看《工业工程》中所描述的"动作经济原则"中所论述的理论，把生产过程划分成最基本的单元，一直到身体、手臂甚至手指的动作，对每个单元加以分析研究，在人体动作、工作地布置、工装设计等方面进行细小的改善，即可大大降低工人的劳动强度，提高生产率，从而降低生产成本。

第三节　焊接安装工程项目成本管理

一、概述

由于安装现场的复杂性以及安装项目的一次性，现场安装方式的焊接安装成本管理要比车间生产方式的焊接生产成本管理复杂得多。本节重点讲述焊接安装工程项目的成本管理。

焊接安装工程项目成本是指某焊接项目在安装过程中所发生的全部生产费用的总和，包括所消耗的主、辅材料，构配件，周转材料的返销费或租赁费，安装机械的台班费或租赁费，支付给安装工人的工资、资金以及项目经理部为组织和管理工程安装所发生的全部费用支出。项目成本不包括劳动者为社会所创造的价值（税金和计划利润），也不应包括不构成工程项目价值的一切非生产性支出。

（一）项目成本的构成与分类

1. 焊接安装工程项目成本的构成

焊接安装工程项目成本由直接成本和间接成本构成。

（1）直接成本　包括所消耗的主、辅材料费，工程设备费，施工机械的台班费或租赁费，施工技术措施费，工程质量返修费，支付给安装工人的工资、资金等。

（2）间接成本　包括现场管理人员的人工费、资金、资产使用费、工具用具使用费、临时设施费、保险费、检验试验费、工程保修费、工程排污费以及其他费用等。

2. 项目成本的类型

焊接安装工程项目成本有项目预算成本、项目计划目标成本、项目实际成本三种类型。

（1）项目预算成本　指以施工图为依据，按照预算定额和规定的取费标准计算的项目成本。

（2）项目计划目标成本　指按企业下达项目经理部的降低项目成本指标，考虑挖掘内部潜力，采取一定技术组织措施，在项目预算成本基础上降低一定数额后应该实现的成本。

（3）项目实际成本　指在安装过程中发生的并按规定的成本对象和成本项目归集的实际耗费总和，它反映报告期成本耗费的实际水平，与预算成本相比较即可确定项目成本的实际降低额和降低率。

（二）项目成本管理责任体系的建立

1. 建立项目全面成本管理责任体系的组织机构

（1）组织管理层　主要负责设计和建立项目成本管理体系，组织体系的运行，行使管理职能、监督职能。负责项目全面成本管理的决策，确定项目合同价格和成本计划，确定项目管理层的成本目标。

（2）项目经理部　其成本管理职能是组织项目部人员在保证质量、如期完成本焊接安装工程项目的前提下制定措施，落实公司制定的各项成本管理规章制度，完成上级确定的安装成本降低目标。其中很重要的一项工作是将成本指标层层分解，与项目经理部各岗位人员签订项目经理部内部责任合同，把成本管理责任落实到个人。

（3）岗位层次的组织机构　项目经理部岗位的设置由项目经理部根据公司人事部门的工程施工管理办法及工程项目的规模、特点和实际情况确定。具体人员可以由项目经理部在公司的持证人员中选定，也可通过人才市场招聘合格人员。

岗位人员负责具体的施工组织、原始数据收集整理等工作，负责劳务分包及其他分包队伍的管理。因此，岗位人员在日常工作中要注意把管理工作向劳务分包及其他分包队伍延伸，只有共同做好管理工作，才能确保目标的实现。

2. 制定项目全面成本管理责任体系的目标和制度文件

主要包括公司层次项目成本管理办法、项目层次项目成本管理办法以及岗位层次项目成本管理办法。

3. 完善项目成本管理的内部配套工作

项目经理部是一次性的临时机构，因此项目的收益也是一次性的。项目经理部只能对供应到本工程项目的要素拥有支配权和处置权，因此企业要为项目安装成本管理完成内部配套工作。

4. 配套完善其他的管理系统

由于成本管理纵向贯穿工程投标、施工准备、施工、竣工结算、产品保修等全过程，横向覆盖企业的经营、技术、物资、财务等管理部门及项目经理部等现场管理部门，涉及面广、周期长，是一项综合性的管理工作，因此，在建立项目成本管理体系的过程中，要注意以成本管理系统为中心，相应配套完善相关的管理系统，主要包括项目成本测算管理系统、企业成本决策和成本管理考核系统、项目成本核算管理系统、工程施工内部要求市场管理系统、企业生产经济管理系统等。

（三）焊接项目成本管理的原则

焊接项目成本管理是指在安装过程中，对影响工程项目成本的各种因素加强管理，并采用各种有效措施，将安装中实际发生的各种消耗和支出严格控制在成本计划范围内，达到预期的项目成本目标所进行的成本预测、计划、实施、核算、分析、考核、整理成本资料与编制成本报告等一系列活动。

这些原则主要包括全面控制原则、动态控制原则、开源与节流相结合原则、目标管理原则、节约原则、责权利相结合原则。

（四）焊接安装项目成本管理程序

焊接安装工程项目成本管理应遵循下列程序。

① 掌握生产要素的市场价格和变动状态。

② 确定项目合同价。

③ 编制成本计划，确定成本实施目标。

④ 进行成本动态控制，实现成本实施目标。

⑤ 进行项目成本核算和工程价款结算，及时收回工程款。

⑥ 进行项目成本分析。

⑦ 进行项目成本考核，编制成本报告。

⑧ 积累项目成本资料。

二、焊接安装工程项目成本计划

成本计划是在多种成本预测的基础上，经过分析、比较、论证、判断之后，以货币形式预先规定计划期内焊接安装项目施工的耗费和成本所要达到的水平，并确定各个成本项目比预计要达到的降低额和降低率，提出保证成本计划实施所需要的主要措施方案。

项目成本计划是项目成本管理的一个重要环节，是实现降低项目成本任务的指导性文件。

（一）项目成本计划的组成

1. 直接成本计划

直接成本计划的具体内容如下。

（1）编制说明　指对工程的范围、投标竞争过程及合同条件、承包人对项目经理提出的责任成本目标、项目成本计划编制的指导思想和依据等的具体说明。

（2）项目成本计划的指标　该指标应经过科学的分析预测确定，可以采用对比法、因素分析法等进行测定。

（3）按工程量清单列出的单位工程成本计划汇总表　如表 2-1 所示。

表 2-1　单位工程成本计划汇总表

序号	清单项目编码	清单项目名称	合同价格	计划成本
1				
2				
3				

（4）按成本性质划分的单位工程成本汇总表　根据清单项目的造价分析，分别对人工费、材料费、机械费、措施费、企业管理费和税费进行汇总，形成单位工程成本计划表。

（5）项目成本计划　应在项目实施方案确定和不断优化的前提下编制，因为不同的实施方案将导致直接工程费、措施费和企业管理费不同。成本计划的编制是项目成本预控的重要手段，应在工程开始前编制完成，以便将成本计划目标分解落实，为各项成本的执行提供明确的目标、控制手段和管理措施。

2. 间接成本计划

间接成本计划主要反映安装现场管理费的计划数、预算收入数及降低额。间接成本计划应根据工程项目的核算期，以项目总收入的管理费为基础，制定各部门费用的收支计划，汇总后作为工程项目的管理费用的计划。在间接成本计划中，收入应与取费相匹配，支出应与会计核算中管理费用的二级科目一致，间接成本的计划的收支总额应与项目成本计划中管理费一栏的数额相符。

（二）项目成本计划的编制依据

焊接安装工程项目成本计划编制依据如下。

① 合同报价书。

② 施工预算。

③ 施工组织设计或施工方案。

④ 人、机、料市场价格或内部价格。

⑤ 已签订的工程合同和分包合同。

⑥ 外加工计划和合同。

⑦ 有关财务成本核算制度和财务历史资料。

⑧ 其他相关资料。

（三）项目成本计划编制程序及内容

1. 项目成本计划编制程序

① 收集和整理相关资料，拟定可行方案。

② 权衡各方面利弊得失，估算项目的计划成本，确定项目的目标成本。

③ 编制成本计划草案。

④ 综合平衡，编制正式的项目成本计划。

2. 项目成本计划的内容

① 总则。

② 目标及核算原则。

③ 降低成本计划总表或控制方案。

④ 对项目成本计划中计划支出数估算过程的说明。

⑤ 计划降低成本的来源分析。

⑥ 间接成本计划。

⑦ 项目计划目标成本。

三、焊接安装工程项目成本控制

（一）项目成本控制的依据

焊接安装工程项目施工成本控制依据有工程承包合同、施工成本计划、进度报告、工程变更等。

1. 工程承包合同

施工成本控制要以工程承包合同为依据，围绕降低工程成本这个目标，从预算收入和实际成本两方面努力挖掘增收节支潜力，以求获得最大的经济效益。

2. 施工成本计划

施工成本计划是根据施工项目的具体情况制定的施工成本控制方案，既包括预定的具体成本控制目标，又包括实现控制目标的措施和规划，是施工成本控制的指导文件。

3. 进度报告

进度报告提供了一系列间隔合适的时间点上工程实际完成量、工程施工成本实际支付情况等重要信息。施工成本控制工作正是通过实际情况与施工成本计划相比较，找出两者之间的差别，分析偏差产生的原因，从而采取措施改进以后的工作。此外，进度报告还有助于管理者及时发现工程实施中存在的隐患，并在事态还未造成重大损失之前采取有效措施，尽量避免损失。

4. 工程变更

在项目的实施过程中，由于各方面的原因，工程变更是很难避免的。工程变更一般包括设计变更、进度计划变更、施工条件变更、技术规范与标准变更、施工次序变更、工程数量变更等。一旦出现变更，工程量、工期、成本都必将发生变化，从而使得施工成本控制工作变得更加复杂和困难。因此，施工成本管理人员就应当通过对变更要求中各类数据的计算、分析，随时掌握变更情况，包括已发生工程量、将要发生工程量、工期是否拖延、支付情况等重要信息，判断变更可能带来的索赔额度等。

5. 其他

除了上述几种施工成本控制工作的主要依据以外，有关施工设计、分包合同文本等也都是施工成本控制的依据。

（二）项目成本控制内容

成本发生和形成过程的动态性决定了成本的过程控制必然是一个动态的过程。因此，对成本进行过程控制不能仅仅限于成本本身，还应对管理和控制的体系是否健全、是否按规定运行进行管理和控制。焊接安装工程项目成本控制的内容包括工程投标阶段、施工准备阶段、施工阶段以及竣工验收阶段的成本控制。

1. 工程投标阶段成本控制

① 根据工程概况和招标文件，联系建筑市场和竞争对手的情况，进行成本预测，提出投标决策意见。

② 中标以后，应根据项目的建设规模，组建与之相适应的项目经理部，同时以标书为依据确定项目的成本目标，并下达给项目经理部。

2. 安装准备阶段成本控制

① 根据设计图纸和有关技术资料，对安装方法、安装顺序、作业组织形式、机械设备选型、技术组织措施等进行认真研究分析，并运用价值工程原理制定出科学先进、经济合理的安装方案。

② 根据企业下达的成本目标，以分部分项工程实物工程量为基础，联系劳动定额、材料消耗定额和技术组织措施的节约计划，在优化的安装方案的指导下，编制明细而具体的成本计划，并按照部门、施工队和班组的分工进行分解，作为部门、施工队和班组的责任成本落实下去，为今后的成本控制和绩效考核做好准备工作。

③ 间接费用预算的编制及落实。根据项目安装期的长短和参加施工人数的多少，编制费用预算，并对上述预算进行明细分解，以项目经理部有关部门（或业务员）责任成本的形式落实下去，为今后的成本控制和绩效考评提供依据。

3. 安装阶段成本控制

① 加强安装任务单和限额领料单的管理，特别要做好每一个分部分项工程完成后的验收（包括实际工程量的验收和工作内容、工程质量、文明施工的验收）以及实耗人工、实耗材料的数量核对，为成本控制提供真实可靠的数据。

② 将安装任务单和限额领料单的结算资料与安装预算进行核对，计算分部分项工程的

成本差异，分析差异产生的原因，并采取有效的纠偏措施。

③ 做好月度成本原始资料的收集和整理工作，正确计算月度成本，分析月度预算成本与实际成本的差异。对于一般的成本差异要在充分注意不利差异的基础上认真分析不利差异产生的原因，以防对后续作业成本产生不利影响或因质量低劣而造成返工损失；对于盈亏比例异常的现象则要特别重视，并在查明原因的基础上采取果断措施，尽快加以纠正。

④ 在月度成本核算的基础上，实行责任成本核算。

⑤ 经常检查对外经济合同的履约情况，为顺利施工提供物质保证。

⑥ 定期检查各责任部门和责任者的成本控制情况，发现成本差异偏高或偏低的情况，应会同责任部门或责任者分析产生的原因，并督促他们采取相应的对策来纠正差异。

⑦ 对安装进度实行科学管理，力争实际安装进度比计划安装进度快，节省大量的管理人员工资成本，以及临时设施、安装机械的成本费用。

4. 竣工验收阶段成本控制

① 把竣工收尾时间缩短到最低限度。

② 重视竣工验收工作，顺利交付使用。

③ 及时办理工程结算。

④ 在工程保修期间，指定保修工作责任者根据实际情况提出保修计划（包括费用计划），以此作为控制保修费用的依据。

（三）项目成本控制措施

项目成本控制措施通常有组织措施、技术措施、经济措施、合同措施四个方面。

1. 组织措施

实行项目经理责任制，落实安装成本管理的机构和人员，编制阶段性的成本控制工作计划和详细的工作流程图。

2. 技术措施

提出不同的技术方案并进行技术经济分析和论证，以纠正实施过程中安装成本管理目标出现的偏差。

3. 经济措施

编制资金使用计划，确定、分解安装成本管理目标；对成本管理目标进行风险分析并制定防范性对策。

4. 合同措施

参加合同谈判，修订合同条款，处理合同执行过程中的索赔问题。

四、焊接安装工程项目成本核算

（一）项目成本核算对象的划分

焊接安装工程项目成本核算一般以每一个独立编制施工图预算的单位工程为对象，也可以根据承包工程项目的规模、工期、结构类型、施工组织和安装现场等情况，结合成本控制的要求灵活划分成本核算对象。一般有以下几种划分核算对象的方法。

（1）一个单位工程由几个施工单位共同施工时，各施工单位都应以同一单位工程为成本核算对象，各自核算自行完成的部分。

（2）规范大、工期长的单位工程，可以将工程划分为若干部位，以分部位的工程作为成本核算对象。

（3）同一建设项目，由同一施工单位安装，并在同一安装地点，属于同一建设项目的各个单位工程合并作为一个成本核算对象。

（4）改建、扩建的零星工程，可根据实际情况和管理需要，以一个单项工程为成本核算对象，或将同一安装地点的若干个工程量较少的单项工程合并作为一个成本核算对象。

（二）项目成本核算的过程

根据费用产生的原因，工程直接费在计算工程造价时可按定额和单位估价表直接列入。间接成本则按一定标准分配计入成本核算对象——单位工程，实行项目管理进行项目成本核算单位，发生间接成本可以直接计入项目，但需分配计入单位工程。

1. 人工费的归集和分配

（1）内包人工费　指企业所属的劳务分公司与项目经理签订的劳务合同结算全部的工程价款。适用于类似外包工式的合同定额结算支付办法，按月结算计入项目单位工程成本，当月结算，隔月不予结算。

（2）外包人工费　按项目经理部直接与外单位施工队伍签订的包清工合同，以当月验收完成的工程实物量，计算出定额工日数，然后乘以合同人工单价确定人工费。并按月凭项目经济员提供的"包清工工程款月度成本汇总表"预提计入项目单位工程成本。当月结算，隔月不予结算。

2. 材料费的归集和分配

工程耗用的材料，根据限额领料单、退料单、报损报耗单、大堆材料耗用计算单等，按单位工程编制"材料耗用汇总表"，计入项目成本。

3. 机械使用费的归集和分配

① 机械设备实行内部租赁制，以租赁费形式反映其消耗情况，按"谁租用谁负担"的原则核算其项目成本。

② 按机械设备租赁办法和租赁合同，由企业内部机械设备租赁市场与项目经理部按月结算租赁费。租赁费根据机械使用台班，停置台班和内部租赁单价计算，计入项目成本。

③ 机械进出场费，按规定由承租项目负担。

④ 项目经理部的各类大中小型机械的租赁费全额计入项目机械费成本。

⑤ 根据内部机械设备租赁市场运行规则要求，结算原始凭证由项目指定专人签证开班和停班数，结算费用。现场机、电、修等操作工奖金由项目考核支付，计入项目机械成本并分配到有关单位工程。

⑥ 向外单位租赁机械，按当月租赁费用全额计入项目机械费成本。

上述机械租赁费结算，尤其是大型机械租赁费及进出场费应与产值对应，防止只有收入无成本的不正常现象，或形成收入与支出不配比状况。

4. 施工措施费的归集和分配

① 施工过程中的材料二次搬运费，按项目经理部向劳务分公司汽车队托运汽车包天或包月租费结算，或以运输公司的汽车运费计算。

② 临时设施摊销费按项目经理部搭建的临时设施总价（包括活动房）除以项目合同工期，求出每月应摊销费。临时设施使用一个月摊销一个月，摊完为止，项目竣工搭拆差额（盈亏）按实际情况调整成本。

③ 生产工具用具使用费，如大型机动工具、用具等可以套用类似内部机械租赁办法租赁形式计入成本，也可按购置费用一次摊销法计入项目成本，并做好在用工具实物借用记录，以便反复利用。工用具的修理费按实际发生数计入成本。

④ 除上述以外的措施费内容均应按实际发生的有效结算凭证计入项目成本。

5. 施工间接费的归集和分配

① 要求以项目经理部为单位编制工资单和奖金单列支工作人员薪金。项目经理部工资总额每月必须正确核算，以此计提职工福利费、工会费、教育经费、劳保统筹费等。

② 劳务分公司所提供的炊事人员代办食堂承包、服务，警卫人员提供区域岗点承包服务以及其他代办服务费用计入施工间接费。

③ 内部银行的存贷款利息，计入"内部利息"（新增明细子目）。

④ 施工间接费先在项目"施工间接费"总账归集，再按一定的分配标准计入受益成本核算对象（单位工程）"工程施工——间接成本"。

五、焊接安装工程项目成本分析与考核

（一）焊接安装工程项目成本分析

焊接安装工程项目的成本分析是指根据统计核算、业务核算和会计核算提供的资料，对项目成本的形成过程和影响成本升降的因素进行分析，以寻求进一步降低成本的途径。通过成本分析，可从账簿、报表反映的成本现象看清成本的实际，从而增强项目成本的透明度和可控性，为加强成本控制、实现项目成本目标创造条件。项目成本分析也是降低成本、提高项目经济效益的重要手段之一。

1. 焊接安装工程项目成本分析原则

焊接安装工程项目成本分析的原则主要有实事求是的原则、用数据说话的原则、注重时效的原则以及为生产经营服务的原则。

（1）实事求是的原则　指成本分析一定要有充分的事实依据，对事物进行实事求是的评价。

（2）用数据说话的原则　指成本分析要充分利用统计核算和有关台账的数据进行定量分析。

（3）注重时效的原则　指要及时进行成本分析，及时发现问题，及时予以纠正。

（4）为生产经营服务的原则　指要提出积极有效的解决矛盾的合理化建议。

2. 焊接安装工程项目成本分析依据

（1）会计核算　主要是价值核算，是对一定单位的经济业务进行计量、记录、分析和检查，进行预测，参与决策，实行监督，旨在实现最优经济效益的一种管理活动。由于会计记录具有连续性、系统性、综合性等特点，所以它是安装成本分析的重要依据。

（2）业务核算　是各业务部门根据业务工作的需要而建立的核算制度，它包括原始记录和计算登记表，如单位工程及分部分项工程进度登记、质量登记、工效、定额计算登记、物资消耗定额记录、测试记录等。业务核算的目的是迅速取得资料，在经济活动中及时采取措施进行调整。

（3）统计核算　是利用会计核算与业务核算资料，把企业生产经营活动客观现状的大量数据按统计方法加以系统调整，表明其规律性。它的计量尺度比会计核算宽，可以用货币计算，也可以用实物或劳动量计算。通过全面调查和抽样调查等特有的方法，不仅能提供绝对数指标，还能提供相对数和平均数指标，可以计算当前的实际水平，确定变动速度，可以预测发展的趋势。

3. 焊接安装工程项目成本分析方法

① 焊接安装工程项目成本分析的基本方法包括比较法、因素分析法、差额计算法、比

率法等。其中比较法又称指标对比分析法，即通过技术经济指标的对比检查目标的完成情况，分析产生差异的原因，进而挖掘内部潜力的方法。这种方法具有通俗易懂、简单、易于掌握的优点，因而得到了广泛的应用。

② 综合成本指涉及多种生产要素并受多种因素影响的成本费用，如分部分项工程成本、月（季）度成本、年度成本等。综合成本的分析方法主要包括分部分项工程成本分析、月（季）度成本分析、年度成本分析以及竣工成本的综合分析等方面。

（二）焊接安装工程项目成本考核

焊接安装工程项目成本考核是指对项目成本目标完成情况和成本管理工作业绩两方面的考核，这两方面的考核都属于企业对项目经理部成本监督的范畴。

1. 焊接安装工程项目成本考核的要求

焊接安装工程项目成本考核是项目落实成本控制目标的关键，项目安装成本总计划是在结合项目施工方案、安装手段和安装工艺和成本控制的基础上提出的、针对项目不同的管理岗位人员作出的成本耗费目标要求。焊接安装工程项目成本考核的具体要求如下。

① 应建立和健全项目成本考核制度，规定考核的目的、时间、范围、对象、方式、依据、指标、组织领导、评价与奖惩原则等。

② 应以项目成本降低额和项目成本降低率作为成本考核主要指标，项目经理部应设置成本降低额和成本降低率等考核指标。发现偏离目标时，应及时采取改正措施。

③ 应对项目经理部的成本和效率进行全面审核、审计、评价、考核和奖惩。

2. 焊接安装工程项目成本考核的内容

焊接安装工程项目成本考核可以分为两个层次：一是企业对项目经理的考核，二是项目经理对所属部门、施工队和班组的考核。通过考核，监督项目经理、责任部门和责任者更好地控制自己的责任成本，从而形成实现项目成本目标的层层保证体系。

（1）企业项目经理的考核

① 项目成本目标和阶段成本目标的完成情况。

② 建立以项目经理为核心的成本管理责任制的落实情况。

③ 成本计划的编制和落实情况。

④ 对各部门、各作业队和班组责任成本的检查和考核情况。

⑤ 在成本管理中贯彻责、权、利相结合原则的执行情况。

（2）项目经理对所属各部门各作业队和班组的考核

① 对各部门的考核内容有本部门、本岗位责任成本的完成情况，本部门、本岗位成本管理责任的执行情况。

② 对各作业队的考核内容有对劳务合同规定的承包范围和承包内容的执行情况，劳务合同以外的补充收费情况，对班组安装任务单的管理情况及班组完成安装任务后的考核情况。

③ 对生产班组的考核内容（平时由作业队考核）有以分部分项工程成本作为班组的责任成本，以安装任务单和限额领料单的结算资料为依据，与安装预算进行对比，考核班组责任成本的完成情况。

第三章
焊接生产计划和焊接项目进度管理

第一节　焊接生产计划与生产作业计划

企业生产计划是企业管理的依据，是根据市场需求对企业生产任务的统筹安排，规定在计划期内产品生产的品种、质量、数量和进度的指标。企业生产计划是根据企业销售计划制定的，也是企业经营计划的重要组成部分，同时也是企业编制供应、劳资、财务等计划的基础。

一、生产计划

（一）企业生产计划的指标体系

生产计划是由生产指标体现的，为了有效地全面指导计划期限内的生产活动，生产计划应建立以产品品种、产品质量、产品产量和产值四类指标为内容的生产指标体系。

1. 产品品种指标

产品品种指标是企业在计划期内规定应当生产的品种，包括品名、品种数和计划期内生产的新产品及更新换代产品。这一指标是衡量企业产品组合的合理性和满足市场需求能力的主要指标，其中有一个品种未完成产品计划，就没有完成品种计划。

2. 产品质量指标

产品质量指标是企业在计划期内达到质量标准的各种产品数量占全部产品的比例。企业的产品质量是综合反映企业生产技术水平和管理水平的重要标志，它关系到企业的生存和发展。质量指标一般用合格品率、等级品率来表示。合格品率是指产品中合格品占全部制成品的比例，它在一定程度上表明了企业生产质量的好坏。

3. 产品产量指标

产品产量指标是在计划期内完成一定合格产品的数量指标，它反映企业生产发展水平，是企业计算产值、劳动生产率、成本、利润等一系列指标的基础，也是分析企业各种产品之间的比例和进行产品平衡分配的依据。常用的指标有两种形式。

（1）实物单位　产品单一时，用产品的实际单位来表示，如吨、台、立方米等。

（2）假定实物单位　生产不同规格产品的企业中，将不同规格的产品折成标准产品来表示，如多种大型焊接结构产量折成钢结构的年产量。

4. 产值指标

产值指标是用货币单位计算来表示产值数量的指标。由于企业多种产品的实物计量单位不同，为了计算不同品种产品总量，需要运用综合反映企业生产成果的价值指标，即产值指标。企业产值指标有工业商品产值、工业总产值和净产值。

（1）工业商品产值　是指企业在计划期内生产可以销售的全部合格产品和工业性作

业的价值。它体现企业在计划期内完成的生产成果中可以向市场提供的商品价值。具体包括：合格产品价值中扣除原材料费以后的余额，已完成的对外承接工业性作业的价值。

（2）工业总产值　是指企业在计划期内工业产品和工业性劳务总量的货币表现，它能较客观地反映企业发展规模、水平和速度，有较强的可比性，也是企业计算劳动生产率、产值利润率的依据。具体包括：全部商品产值，来料加工产品的材料价值，期末在制品、半成品、自制工模具的价值减去期初（由上期转来）在制品、半成品、自制工模具的价值。

总产值一般用不变价格或计划价格计算，不变价格是国家规定以某年的物价为准，在统计各种经济指标时用。计划价格是企业制定计划的实际价格，用它计算的各种指标可与原计划进行对比，检查完成情况。

工业总产值因受产品中特殊价值的影响，不能正确反映企业真实的生产成果，所以国家规定它在企业中已不再考核，但在企业内部仍是一项重要的计算指标。

（3）净产值　是指企业在计划期内以货币的形式表现的工业生产活动的最终结果。是企业全部工业生产活动总成果扣除工业生产过程中消耗的物质产品和劳动服务价值后的余额，也是企业工业生产过程中新增加的价值。它克服了工业总产值包括原材料转移价值带来的弊病，比较真实地反映企业工业投入、产出和实际经济利益。净产值由劳动者报酬、固定资产折旧、生产税净额和营业盈余四大要素组成。

（二）生产计划编制的原则

1. 以销定产、以产经销

以销定产就是根据销售的要求来安排生产，企业从事商品生产必须按市场要求、销售形势来确定生产计划，通过优质价廉的产品赢得市场。用销售收入补偿生产支出，获取盈利，组织再生产，为企业创造生存和发展条件。但以销定产并不否认生产对销售的促进作用，特别对一些销售任务不足的企业，在坚持以销定产时，要不断发挥企业优势，利用老产品开发新产品，来满足用户需求，以产经销，用初步安排的生产计划来指导销售订货的方向，把销售计划与生产计划的编制结合起来，才能更好地满足市场需求。

2. 合理发挥和利用企业的生产能力

企业生产计划要与企业生产能力相适应。若确定的生产计划低于生产能力，则造成生产能力的浪费；反之，生产能力不足会使生产计划落空。合理利用生产能力是编制生产计划的一条主要原则，企业首先要搞好市场调查和预测，提高计划的准确水平，改粗放型管理为集约型管理，加强技术创新和技术改造，提高设备精度和现代化水平，改进工艺装置，改善劳动组织，提高工人技术水平，通过生产计划的编制和执行，最合理地发挥企业生产能力。

3. 生产计划要进行综合平衡

综合平衡是编制生产计划的一个重要原则。生产计划指标的确定，会受到各方面的制约，既涉及供、产、销，又涉及人、财、物，这就必须进行综合平衡。综合平衡一方面是查清企业内部生产资源是否与计划匹配，生产计划与设备能力、技术准备、物资、资金、劳力等进行综合比较有哪些不足，如何解决。只有解决了这些矛盾，生产计划中的指标才有实现的可能。综合平衡的另一方面是弄清生产计划中各项指标如品种、产值、质量、成本、资金、利润等是否互相协调，这样才可以统筹兼顾，合理安排，得到最佳的经济效益。

（三）生产计划工作的主要内容

1. 生产计划的编制

（1）调查研究 要收集各种计划资料，企业外部环境的变化情况，如地区经济发展趋势、行业生产动态、销售部门提供的供销合同以及市场预测等数据；企业内部情况，如企业长远规划，上期完成合同情况和产品库存量，各种生产资料的储备量、动力、燃料的供应保证程度，设备运行状态，生产工人思想状态等。还要分析研究国家有关政策，总结上期计划执行的经验教训和研究贯彻企业经营方针的具体措施。

（2）编制计划草案 在调查研究基础上，制定出计划草案，规定产品按季、按月的产量、质量与品种要求，规定计划所需原料、材料、能源需要量，成本降低率和各种技术组织措施。

（3）综合平衡 将计划草案的各项生产指标同各方面的条件进行平衡，使生产任务落到实处。综合平衡包括：生产指标与生产能力之间的平衡；生产指标与劳动力之间的平衡；生产指标与物资供应、能源之间的平衡；生产指标与技术条件之间的平衡；生产指标与资金之间的平衡。在平衡时要留有余地，保证在执行中有良好的弹性和应变能力。

（4）审批定案 企业完成年度生产计划的编制后，经有关程序通过后，由厂长组织实施。

2. 生产计划的进度安排

生产进度安排方式如下。

（1）平均方式 即一年之内各月产量基本一致，这种方式适合于市场需求量较稳定的产品。

（2）递增方式 即一年内逐月增加产量，这种形式适合于市场需求日益增长，订货量越来越多的情况。

（3）递减方式 即一年内逐月降低产量，这种方式适合于产品决定淘汰，实行产品转移的情况。

（4）变化方式 即一年内各月产量互不相同，由于市场需求有季节性变化，或因技术等原因需要按季节生产，有时因合同订货量分布不均，用户不同意调整，增加库存又不经济，要采取变动方式安排生产进度。

二、生产作业计划

1. 生产作业计划的内容

生产作业计划的内容是企业根据年生产计划的要求，按车间、班组、机台、岗位，制定的以每月、旬、日、轮班的具体生产指标作业安排。它是企业生产计划的执行计划，其实质就是对企业计划期的生产任务进行合理分配和科学分解的综合过程。生产作业计划规定的指标应包括产量、质量、物资消耗、能源消耗、设备维修和班组成本等。这些指标应有高度的可行性和精确性。

2. 生产作业计划的作用

① 生产作业计划是生产计划的具体化，它是把企业生产任务落到实处，细分到车间、班组及个人，并作为组织安排生产活动的依据，检查和考核生产活动的标准，也是企业开展劳动竞赛的具体条件。

② 生产作业计划是组织协调各车间、各部门实现均衡生产的重要手段。企业在执行计划中，只有各生产环节的生产能力相对平衡，劳力、物资、技术条件相对适应，才能取得良好的生产效果。

③ 生产作业计划是职工生产活动的依据，它具体规定了每年职工在生产活动中的目标，也是企业实行按劳分配的基本依据。

3. 生产作业计划的编制

生产作业计划的编制方法主要是进行综合平衡，使计划符合客观比例关系。平衡的主要内容是产量的平衡，平衡的结果是建立一系列生产作业计划的期量标准。期量标准是制作对象（产品及零部件）在生产期限与数量方面的标准数据，它决定了生产过程和环节之间在生产数量和期限之间的衔接，保证生产过程的连续性和均衡性。

不同生产类型和生产组织方式需要不同的期量标准，如大量生产的期量标准有节拍、流水线工作指示图、在制品定额。成批生产的期量标准有批量、生产间隔期、生产周期、生产提前期、在制品定额。单件生产的期量标准有生产周期和提前期。

编制生产作业计划时，往往会遇到几项不同的任务，例如几种不同的产品，需要在一台或一套设备上加工，每种工序都有不同的加工时间和要求完成的时间，而在编制生产作业计划时，往往不能很好地兼顾各个工序的合理安排，从而令生产计划难于很好地实施。这就给制定计划的职能人员提出了比较高的要求。对每一样产品的每一个工序所需时间要有非常科学清楚的计算。其实生产作业计划的完成，也就是一个时间和数量的完成。如制造一件产品需时多长，间隔多久时间出产一件产品；一次同时投入生产的制成品数量，库存在制品数量等。如果在已经安排好生产之后，又突然增加生产量，那么势必会将原有的生产作业计划完全打乱，但在现实的生产管理中，这是经常和必须面对的一项棘手的难题。这又给生产管理人员提出了一个更严峻的课题，如何更为合理地调整生产作业计划。实际操作起来，需要选择更为合理的标准，正确反映生产过程中各生产环节在生产时间和数量上的客观内在联系。

生产作业计划一般由厂计划部门在每月的中旬下达下月各项生产指标，各部门、各车间制定具体的生产作业计划在下旬报厂部，经综合平衡后，由主管生产副厂长批准后下达执行。

三、生产进度控制

车间生产方式的焊接生产进度控制，主要指产出数量的控制，也包括对生产余力的控制。计划要求在一定时间内达到一定的产量，在实际生产中如果出现差异，就要进行控制。这种差异出现的原因常有：生产预测不准确，原材料供应不上，装置设备发生故障，质量较差造成返工，操作工人数量因辞职不足等。有时劳动情绪和出勤率也会造成进度差异，超过计划要求的规定进度和达不到规定同样都是异常。为了控制进度异常，通常需要保持一定的生产余力。进度控制按产品产出量控制时，可以利用产品批单、件号进行统计；按劳务量控制时，可以根据工时进行统计。

第二节 焊接安装工程项目进度管理概述

一、项目进度管理的概念

项目进度管理是根据工程项目的进度目标，编制经济合理的进度计划，并据此检查工程项目进度计划的执行情况，若发现实际执行情况与计划进度不一致，应及时分析原因，并采取必要的措施对原工程进度计划进行调整或修正的过程。

项目进度管理是一个动态、循环、复杂的过程，也是一项效益显著的工作。

二、项目进度管理的目的

项目进度管理的目的是通过管理以实现工程的进度目标。通过进度计划控制管理，可以有效地保证进度计划的落实与执行，减少各个单位和部门之间的互相干扰，确保安装项目工期目标、质量目标以及成本目标的实现，同时也为可能出现的安装索赔提供依据。

焊接安装工程项目进度管理是保证工程项目按期完成，合理安排资源供应，节约工程成本的重要措施。

三、项目进度管理的程序

焊接安装工程项目经理部应按照以下程序进行进度管理。

① 根据安装合同的要求确定安装进度目标，明确计划开工日期、计划总工期和计划竣工日期，确定项目分期分批的开工、竣工日期。

② 编制安装进度计划，具体安排实现计划目标的工艺关系、组织关系、搭接关系、起止时间、劳动力计划、材料计划、机械计划以及其他保证性计划。分包人负责根据项目安装进度计划编制分包工程安装进度计划。

③ 进行计划交底，落实责任，并向监理工程师提出开工申请报告，按监理工程师开工令确定的日期开工。

④ 实施安装进度计划。项目经理应通过项目安装部署、组织协调、生产调度和指挥、改善安装程序和方法的决策等，应用技术、经济和管理手段实现有效的进度管理。

⑤ 全部任务完成后，进行进度管理总结并编写进度管理报告。

四、项目进度管理的方法与措施

1. 项目进度管理方法

项目进度管理方法主要是规划、控制和协调。规划是指确定安装项目总进度控制目标和分进度控制目标，并编制其进度计划。控制是指在安装项目实施的全过程中，比较安装实际进度与安装计划进度，出现偏差及时分析原因，并采取措施调整。协调是指协调与安装进度有关的单位、部门和工作队组之间的进度关系，使之能合理配合，推进工程安装顺利进行。

2. 项目进度管理措施

焊接安装工程项目进度管理采取的主要措施有组织措施、技术措施、合同措施和经济措施。

第三节　焊接安装工程项目进度计划编制

一、项目进度计划的分类

焊接安装工程项目进度计划应包括项目总进度计划和单位工程项目进度计划。项目总进度计划还需要进一步按时间段细化，编制年、季、月、旬（或周）计划。特别是要通过编制和实施月、旬（或周）的作业计划来保证安装总进度计划目标的实现。

焊接安装工程安装项目进度计划的类型较多，焊接安装工程进度计划按工程项目可分为工程项目安装总进度计划、单位工程安装进度计划、分部分项工程安装进度计划；按安装时间长短可分为年度、季度、月、周安装进度计划等。可根据工程实际情况，选用合适的类型，使之有利于安装进度控制。

二、项目进度计划编制

1. 安装总进度计划

安装总进度计划是依据安装合同、安装总进度目标、工期定额和技术经济资料等来编制安装总进度计划以及分期分批安装工程开工日期、完工日期、资源需要量及供应平衡表等；单位工程安装进度计划则依据项目管理目标责任书、安装总进度计划、安装方案、主要材料和设备供应能力、安装人员的技术素质、安装现场、气候条件等来编制进度计划图，以及单体工程进度计划风险分析及控制措施等内容。

2. 焊接安装工程总进度计划的编制步骤

① 确定工程项目安装顺序，列出工程项目明细表。

② 计算工程量，确定各项工程的持续时间。

③ 确定各项工程的开、竣工时间和互相搭接协调关系。

④ 安排安装进度，编制进度计划图表。

⑤ 调整和修正安装项目总进度计划。

⑥ 审核总进度计划。

⑦ 经对内对外征求意见后，修改与完善总进度计划，使总进度计划定案。

3. 单位工程安装进度计划的编制步骤

① 划分安装工序。

② 确定工序的作业工时和人数。

③ 编制安装进度计划。

④ 检查与调整安装进度计划。

第四节　焊接安装工程项目流水安装

一、流水安装原理

1. 流水安装简述

流水安装是将拟建工程项目的整个建造过程分解为若干个安装过程，即划分为若干个工作性质相同的分部、分项工程或工序；同时将拟安装工程项目在平面上划分为若干个劳动量大致相等的安装段；在竖向上划分为若干个安装层，按照安装过程分别建立相应的专业工作队；在各专业工作队的人数、使用的机具和材料不变的情况下，依次连续投入到第二、第三……直到最后一个安装段的安装，在规定的时间内，完成同样的安装任务；不同的专业工作队在工作时间上最大限度地合理搭接；当第一安装层各个安装段上的相应安装任务全部完成后，专业工作队依次连续地投入到第二安装层、第三安装层……保证拟安装工程项目的安装全过程在时间上、空间上有节奏、连续、均衡地进行，直到完成全部安装任务。

2. 流水安装特点

① 尽可能地利用了工作面进行安装，工期较短。

② 各安装队伍实现了专业化安装，有利于提高技术水平和劳动生产率，也有利于提高工程质量。

③ 专业安装队伍能够连续安装，同时使相邻专业队的开工时间能够最大限度地搭接。

④ 单位时间内投入的劳动力、安装机具、材料等资源量较为均衡，有利于合理组织资源供应。

⑤ 为安装现场的文明安装和科学管理创造了有利条件。

焊接工程项目安装过程中，采用流水安装所需的工期比依次安装工期短，资源消耗的强度比平行安装少，最重要的是各专业班组能连续地、均衡地安装，前后安装过程尽可能平行搭接，能比较充分地利用安装工作面。

3. 流水安装的经济效果

流水安装方式是一种先进的、科学的安装方式。由于在工艺过程划分、时间安排和空间布置上进行统筹安排，将会产生显著的技术经济效果。具体可归纳为以下几点。

① 由于流水安装的连续性，可减少专业工作的间隔时间，缩短工期，使拟建工程项目尽早竣工交付使用，发挥投资效益。

② 便于改善劳动组织，改进操作方法和合理使用安装机具，有利于提高劳动生产率。

③ 专业化的生产可提高工人的技术水平，使工程质量相应提高。

④ 工人技术水平和劳动生产率的提高，可以减少用工量和安装临时设施的建造量，降低工程成本，提高利润水平。

⑤ 可以保证安装机械和劳动力得到充分、合理的利用。

⑥ 由于工期短、效率高、用人少、资源消耗均衡，可以减少现场管理费和物资消耗，实现合理储存与供应，有利于提高项目的综合经济利益。

二、等节奏流水安装

在组织流水安装时，如果所有的安装过程在各个安装段上的流水节拍彼此相等，这种流水安装组织方式称为等节奏流水安装，也称为固定节拍流水安装或同步距流水安装。

等节奏流水安装有如下特点。

① 所有安装过程在各个安装段上的流水节拍均相等。

② 相邻安装过程的流水步距相等，且等于流水节拍。

③ 专业工作队数等于安装过程数，即每一个安装过程成立一个专业工作队，由该队完成相应安装过程所有安装段上的任务。

④ 各个专业工作队在各安装段上能够连续作业，安装段之间没有空闲时间。

三、成倍节拍流水安装

在组织流水安装时，如果同一安装过程在各个安装段上的流水节拍彼此相等，而不同安装过程在统一安装段上的流水节拍之间存在一个最大公约数，为加快流水安装速度，可按最大公约数的倍数确定每个安装过程的专业工作队，这样便构成了一个工期最短的成倍节拍流水安装方案。

成倍流水安装有如下特点。

① 同一安装过程在其各个安装段上的流水节拍均相等，不同安装过程的流水节拍不等，但其值为倍数关系。

② 相邻安装过程的流水步距相等，且等于流水节拍的最大公约数。

③ 专业工作队数大于安装过程数，即有的安装过程只有一个专业工作队，而对于流水节拍大的安装过程，可按其倍数增加相应专业工作队数目。

④ 各个专业工作队在安装段上能够连续作业，安装段之间没有空闲时间。

四、无节奏流水安装

在组织流水安装时，由于工程结构形式、安装条件不同等原因，使得各安装过程在各安装段上的工程量有较大差异，或因专业工作队的生产效率相差较大，导致各安装过程的流水节拍随安装段的不同而不同，且不同安装过程之间的流水节拍又有很大的差异，这时流水节拍虽无任何规律，但仍可利用流水安装原理组织流水安装，使各专业工作队在满足连续安装的条件下实现最大搭接。这种无节奏流水安装方式又称分别流水安装，是建设工程流水安装的普遍方式。

无节奏流水安装有如下特点。

① 每个安装过程在各个安装段上的流水节拍不尽相等。

② 在多数情况下，流水步距彼此不相等，而且流水步距与流水节拍两者之间存在着某种函数关系。

③ 各专业安装都能连续安装，个别安装段可能有空闲。

第五节　焊接安装工程项目进度计划实施

焊接安装项目进度计划的实施就是用项目进度计划指导项目安装过程，落实和完成计划。项目进度计划逐步实施的过程就是工程项目逐步完成的过程。

一、安装进度计划执行准备

要保证安装进度计划的落实，首先必须做好准备工作，估计和预测项目安装过程中可能出现的问题，做好进度计划执行的准备工作是安装进度计划顺利执行的保证。

二、签发安装任务书

编制好月（旬）作业计划以后，签发安装任务书使其进一步落实。安装任务书是向班组下达任务、实行责任承包全面管理的综合性文件，它是计划和实施的纽带。安装任务书包括安装任务单（表3-1）、限额领料单（表3-2）、限额领料发放记录（表3-3）、考勤表等。其中安装任务单包括分项工程安装任务、工程量、劳动量、开工及完工日期，工艺、质量和安全要求等内容。限额领料单根据安装任务单编制，它是控制班组领用料的依据，主要列明材料名称、规格、型号、单位和数量以及退领料记录等。

三、做好安装进度记录

在计划任务完成的过程中，各级安装进度计划的执行者都要跟踪做好安装记录，实事求是记录计划中的每项工作开始日期、工作进度和完成日期，并填好有关图表，为安装项目进度检查分析提供信息。

四、做好安装中的调度工作

安装调度是指在安装过程中不断组织新的平衡，建立和维护正常的安装条件及安装程序所做的工作。它的主要任务是督促、检查工程项目计划和工程合同执行情况，调度物资、设备、劳力，解决安装现场出现的矛盾，协调内、外部的配合关系，促进和确保各项计划指标的落实。

表 3-1 安装任务单

项目名称 _____	编 号 _____	开工日期 _____
部位名称 _____	签 发 人 _____	交 底 人 _____
安装班组 _____	签发日期 _____	回收日期 _____

定额编号	分项工程	单位	工程量	定额工数 时间定额 定额系数	定额工数	工程量	实需工数	实耗工数	工效/%	姓名	日期
小 计											

材料名称	单位	单位定额	定额数量	实需数量	实耗数量	安装要求及注意事项
						验收内容　　　　签证人
						质量分
						安全分
						文明安装分

计划安装日期：月　日～　月　日　　实际安装日期：　月　日～　月　日　工期超　天　拖　天

表 3-2 限额领料单　　　　　　　　　　年　月　日

| 单位工程 | | 安装预算工程量 | | | 任务单编号 | | | |
| 分项工程 | | 实际工程量 | | | 执行班组 | | | |
材料名称	规格	单位	安装定额	计划用量	实际用量	计划单价	金额	级配	节约	超用

表 3-3 限额领料发放记录

月\日	名称、规格	单位	数量	领用人	月\日	名称、规格	单位	数量	领用人	月\日	名称、规格	单位	数量	领用人

第六节　焊接安装工程项目进度计划检查与调整

一、项目进度计划的检查

为了能够经常掌握焊接安装工程项目的进度情况，在进行计划执行一段时间后就要检查实际进度是否按照计划进度顺利进行。进度控制人员应经常、定期跟踪检查安装实际进度情况，收集项目进度材料统计整理和对比分析，研究实际进度与计划进度之间的偏差。

1. 跟踪安装实际进度

跟踪检查的主要工作是定期收集反映实际工程进度的有关数据。收集的方式有两种：报表的方式和现场实地检查。收集的数据应完整、准确，避免导致不全面或不正确的决策。

进度控制的效果与收集信息的时间间隔有关，不经常、不定期收集进度报表资料，就很难达到进度控制的效果。此外，进度检查的时间间隔还与工程项目的类型、规模、监理对象的范围大小、现场条件等多方面因素有关，可视工程进度的实际情况，每月、每半月或每周检查一次。在某些特殊情况下，甚至可能进行每日进度检查。

2. 整理统计检查数据

收集到的工程项目实际进度数据，要进行必要的整理，按计划控制的工作项目进行统计，形成与计划进度具有可比性的数据、相同的量纲和形象进度。一般可以按实物工程量、工作量和劳动消耗量以及累计百分比整理和统计实际检查的数据，以便与相应的计划完成量相对比。

3. 对比实际进度与计划进度

主要是将实际的数据与计划的数据进行比较，如将实际的完成量、实际完成的百分比分别与计划的完成量、计划完成的百分比进行比较。通常可利用表格形成各种进度比较报表或直接绘制比较图形，直观地反映实际与计划的差距。通过比较，了解实际进度比计划进度拖后、超前或与计划进度一致。

4. 项目进度检查结果的处理

项目进度检查的结果，按照检查报告制度的规定，形成进度控制报告向有关主管人员和部门汇报。进度控制报告是把检查比较的结果、有关安装进度现状和发展趋势，提供给项目经理及各级业务职能负责人的最简单的书面形式报告。

焊接安装工程项目进度控制报告的基本内容如下。

（1）对安装进度执行情况的综合描述　检查期的起止时间、当地气象及晴雨天数统计、计划目标及实际进度、检查期内安装现场主要大事记。

（2）项目实施、管理、进度概况的总说明　安装进度、形象进度及简要说明，安装图纸的提供进度，材料、物资、构配件的供应进度，劳务记录及预测，日计划，对建设单位和安装者的工程变更指令、价格调整、索赔及工程款收支情况，停水、停电、事故发生及处理情况，实际进度与计划目标比较的偏差状况及其原因分析，解决问题措施，计划调整意见等。

二、项目进度计划的调整

焊接安装工程项目进度计划的调整应依据项目进度计划检查结果，在进度计划执行发生偏离的时候，调整安装内容、工程量、起止时间、资源供应或局部改变安装顺序，重新确认作业过程相互协作方式等工作关系，充分利用安装的时间和空间进行合理交叉衔接，并编制调整后的项目进度计划，以保证项目总目标的实现。

1. 进度偏差影响分析

在焊接安装工程项目实施过程中，当通过实际进度与计划进度的比较，发现存在进度偏差时，需要分析该偏差对后续工作以及总工期的影响，从而采取相应的调整措施，对原进度计划进行调整，以确保工期目标的顺利实现。进度偏差的大小及其所处的位置不同，对后续工作和总工期的影响程度是不同的。

焊接安装工程项目进度偏差影响分析步骤如下。

(1) 分析进度偏差的工作是否为关键工作　若出现偏差的工作为关键工作，则无论偏差大小，都会对后续工作及总工期产生影响，必须采取相应的调整措施；若出现偏差的工作不是关键工作，需要根据偏差值与总时差的大小关系，确定对后续工作和总工期的影响程度。

(2) 分析进度偏差是否大于总时差　若工作的进度偏差大于该工作的总时差，说明此偏差必将影响后续工作和总工期，必须采取相应的调整措施；若工作的进度偏差小于或等于该工作的总时差，说明此偏差对总工期无影响，但它对后续工作的影响程度，需要根据比较偏差与自由时差的情况来确定。

(3) 分析进度偏差是否大于自由时差　若工作的进度偏差大于该工作的自由时差，说明此偏差将对后续工作产生影响，如何调整应根据后续工作允许影响的程度而定；若工作的进度偏差小于或等于该工作的自由偏差，则说明此偏差对后续工作无影响，因此，原进度计划可以不进行调整。

2. 项目进度计划调整方法

(1) 缩短某些工作的持续时间　这种方法不改变工作之间的逻辑关系，而是缩短某些工作的持续时间使安装进度加快，并保证项目按最终计划完成的方法。这些被压缩持续时间的工作是位于实际安装进度的拖延而引起总工期增长的关键线路和某些非关键线路上的工作，同时，这些工作又是可压缩持续时间的工作。

(2) 改变某些工作间的逻辑关系　当工程项目实施中产生的进度偏差影响到总工期，且有关工作的逻辑关系允许改变时，可以改变关键线路和超过计划工期的非关键线路上的有关工作之间的逻辑关系，达到缩短工期的目的。例如，将顺序进行的工作改为平行作业、搭接作业以及分段组织流水作业等，都可以有效地缩短工期。大型群体工程项目，单位工程间的相互制约相对较小，可调幅度较大；单位工程内部，由于安装顺序和逻辑关系约束较大，可调幅度较小。

(3) 资源供应的调整　对于因资源供应发生异常而引起的进度计划执行问题，应采用资源优化方法对计划进行调整或采取应急措施，使其对工期影响最小。

(4) 增减安装内容　应做到不打乱原计划的逻辑关系，只对局部逻辑关系进行调整。

(5) 增减工程量　主要是指改变安装方案、安装方法，使工程量增加或减少。

(6) 起止时间的改变　应在相应的工作时差范围内进行，如延长或缩短工作的持续时间，或将工作在最早开始时间和最迟完成时间范围内移动。

第七节　焊接安装项目收尾管理

一、概述

(一) 项目收尾管理的内容

项目收尾管理是项目管理全过程的最后阶段。没有这个阶段，项目就不能顺利完工，不能生产出符合设计规定的合格项目产品，产品就不能投入使用，不能最终发挥投资效益。

项目收尾管理内容主要包括竣工收尾、验收、结算、决算、回访保修、管理考核评价等方面的管理。

（二）项目收尾管理的要求

焊接安装工程收尾阶段各项管理工作应符合下列要求。

1. 项目竣工收尾

在项目竣工验收前，项目管理部应检查合同约定的哪些工作内容已经完成，或完成到什么程度，并将检查结果形成文件；总分包之间还有哪些连带工作需要收尾接口，项目近外层和远外层关系还有哪些工作需要沟通协调等，以保证竣工收尾顺利完成。

2. 项目竣工验收

项目竣工收尾工作内容按计划完成后，除了承包人的自检评定外，应及时地向发包人递交竣工工程申请验收报告，实行建设监理的项目，监理人还应当签署工程竣工审查意见。发包人应按竣工验收法规向参与项目各方发出竣工验收通知单，组织项目竣工验收。

3. 项目竣工结算

项目竣工验收条件具备后，承包人应按合同约定和工程价款结算的规定，及时编制并向发包人递交项目竣工结算报告及完整的结算资料，经双方确认后，按有关规定办理项目竣工结算。办完竣工结算，承包人应履约按时移交工程成品，并建立交接记录，完善交工手续。

4. 项目竣工决算

项目竣工决算是由项目发包方（业主）编制的项目从筹建到竣工投产或使用全过程的全部实际支出费用的经济文件。竣工决算综合反映竣工项目建设成果和财务情况，是竣工验收报告的重要组成部分，按国家有关规定，所有新建、扩建、改建的项目竣工后都要编制竣工决算。

5. 项目回访保修

项目竣工验收后，承包人应按工程建设法律、法规的规定，履行工程质量保修义务。并采取适宜的回访方式为顾客提供售后服务。项目回访与质量保修制度应纳入承包人的质量管理体系，明确组织和人员的职责，提出服务工作计划，接管理程序进行控制。

6. 项目考核评价

项目结束后，应对项目管理的运行情况进行全面评价。项目考核评价是项目干系人对项目实施效果从不同角度进行的评价和总结，通过定量指标和定性指标分析、比较，从不同的管理范围总结项目管理经验，找出差距，提出改进处理意见。

二、焊接安装工程项目竣工收尾

（一）项目竣工计划的编制

项目竣工收尾是项目结束阶段管理工作的关键环节，项目经理部应编制详细的竣工收尾工作计划，采取有效措施逐项落实，保证按期完成安装任务。

焊接安装工程项目竣工计划的内容，应包括现场施工和资料整理两个部分，两者缺一不可，两部分都关系到竣工条件的形成，具体包括以下几个方面。

① 竣工项目名称。

② 竣工项目收尾具体内容。

③ 竣工项目质量要求。

④ 竣工项目进度计划安排。

⑤ 竣工项目文件档案资料整理要求。

（二）项目竣工自检

项目经理部完成项目竣工计划，并确认达到竣工条件后，应按规定向所属企业报告，进行项目竣工自查验收，填写工程质量竣工验收记录、质量控制资料核查记录、核查质量观感记录表，并对工程施工质量总结出合格结论。

1. 焊接安装工程焊接施工质量检验要求

在焊接安装工程中，由于工程的使用要求和性能要求不同，焊接技术方法及焊接质量要求各不相同。因此，焊接质量检验应按焊接技术要求和焊缝质量等级要求来进行，从下列焊接质量检验的主要内容中确定使用的质量检验方法，确保焊接质量。

（1）外观检验　检查外观是否符合要求。

（2）致密性检验　包括气密性检验、氨气试验、煤油试验、水压试验及气压试验等。

（3）无损检验　包括荧光检验、着色检验、磁粉检验、超声波检验、射线检验、氨检漏检验等。

（4）力学性能试验　包括拉伸试验、弯曲试验、硬度试验、冲击试验、断裂韧性试验及疲劳试验等。

（5）化学分析及腐蚀试验　包括化学分析、腐蚀试验。

（6）金相检验　包括宏观金相检验、微观金相检验。

2. 焊接安装工程施工阶段质量检查内容

（1）开工前检查　目的是检查是否具备开工条件，开工后能否连续正常施工，能否保证工程质量。

（2）工序交接检查　对于重要的工序或对工程质量有重大影响的工序，在自检、互检的基础上，还要组织专职人员进行工序交接检查。

（3）隐蔽工程检查　凡是隐蔽工程均应先检查合格且签字确认后方能掩盖。

（4）停工后复工前的检查　因处理质量问题或某种原因停工后需复工时，亦应经检查认可后方能复工。

（5）分项、分部工程完工后的检查　应经检查认可、签署验收记录后，才允许进行下一工程项目施工。

（6）成品保护检查　检查成品有无保护措施，或保护措施是否可靠。

（三）项目竣工验收要求

1. 竣工验收准备工作

焊接安装工程项目竣工验收准备工作应符合下列要求。

（1）编制工程档案资料移交清单　组织工程技术员绘制竣工图，整理和准备各项需向建设单位移交的工程档案资料，编制工程档案资料移交清单。

（2）编制竣工结算表　组织以预算人员为主，生产、管理、技术、财务、材料、劳资等人员参加并提供有关资料，编制竣工结算表。

（3）准备有关竣工资料　包括工程竣工通知书、工程竣工报告、工程竣工验收证明书、工程保修证书等。

（4）组织好工程自检或自验　报请上级有关部门进行竣工验收检查，对检查出的问题及时进行处理和修补。

（5）准备好工程质量评定的各项资料　按结构性能、使用功能、外观效果等方面对工程的各个施工阶段所有质量检查资料进行系统整理，包括分项工程质量检验评定、分部工程质量检验评定、隐蔽工程验收记录、生产工艺设备验收记录、生产工艺设备调试及运转记录、吊装及试压记录、重要部位的实验记录以及工程质量事故发生情况和处理结果等方面的资料，为正式评定工程质量提供资料和依据，并为技术档案资料移交归档做好准备。

2. 工程自检、自验与复验

（1）自检　应由项目负责人组织生产、技术、质量、合同、预算以及有关的施工员等共同参加，上述人员按照自己负责管理的内容对单位工程逐一进行检查。在检查中要做好记录，对不符合要求的部位和项目，应确定整改措施的标准，并指定专人负责，定期整改完毕。

（2）自验　其标准应与正式验收一样，即检查工程是否符合国家规定的竣工标准和生产有关的竣工目标；工程完成情况是否符合施工图纸和设计的要求；工程质量是否符合国家和地方政府规定的标准和要求；工程质量是否达到合同约定的要求和标准。

（3）复检　在项目经理部自我检查并对查出的问题全部整改完毕后，项目负责人应向上级提出复验请求。通过复验，解决全部遗留整改问题，为正式验收做好充分准备。

（四）项目竣工验收程序

在自检的基础上，确认焊接安装工程全部符合竣工验收标准，具备了交付投产（使用）的条件，可进行项目竣工验收。焊接安装工程项目竣工验收一般程序如下。

① 《竣工验收通知书》：建设单位应在正式竣工验收日之前 10 天，向施工单位发出《竣工验收通知书》。

② 组织验收：工程竣工验收工作由建设单位邀请设计单位、监理单位及有关方面参加，会同施工单位一起进行检查验收。列为国家重点工程的大型项目，应由国家有关部门邀请有关方面参加，组成工程验收委员会进行验收。

③ 签发《竣工验收证明书》，办理工程移交。在建设单位验收完毕并确认工程符合竣工标准和总承包合同条款要求后，向施工单位发放《竣工验收证明书》。

④ 进行过程质量评定。

⑤ 办理工程档案资料移交。

⑥ 办理工程移交手续和其他固定资产移交手续，签认交接验收书。

⑦ 办理工程结算签证手续，进入工程保修阶段。

三、焊接安装工程项目竣工结算

（一）项目竣工结算的概念

工程项目竣工结算资料的及时整理和提供，不仅有利于工程的交接，也涉及施工单位的经济利益。时间拖得越长，结算的难度越大；及早回收工程款项，有利于施工企业的资金周转。

焊接安装工程竣工结算是指项目经理部按照合同约定的内容全部完成所承包的工程，经验收质量合格，向工程发包方进行的最终工程价款结算。

（二）项目竣工结算的依据

焊接安装工程项目竣工结算的编制可依据下列资料。

① 发包方和承包方就该工程项目签订的具有法律效力的工程合同和补充协议、附件等。

② 国家及上级有关主管部门颁发的有关工程造价的政策性文件和相关规定或标准。

③ 按国家规定定额及相关取费标准结算的工程项目依据施工图预算、设计变更、技术

核定单和现场用工用料、机械使用费的签证，合同中有关违约索赔规定等。

④ 实行招投标的工程项目，以中标价为结算主要依据，如发生有中标范围以外的工作则依据双方约定结算方式和合同中有关违约索赔规定等进行结算。

（三）项目竣工结算的程序

焊接安装工程项目竣工结算的程序如下。

① 依据施工图及有关资料、设计变更技术核定单及现场签证等，由建设单位现场代表或监理工程师确认各项工程量和签证认可。

② 依据国家预算定额和取费标准或投标认可的工程单价等，由建设单位代表或监理方主管核价的工程师或经济师审核，认可后予以签证。

③ 对工程造价中涉及索赔和政策性调价等其他工程款项，依据合同政策性文件，由建设单位代表或现场总监等有相关权力的人员审核，确认后予以签证。

④ 发包方和承包方均签字认可的竣工结算，按规定还应报送审计部门进行审查。

四、项目竣工结算编制方法

焊接安装工程项目竣工结算编制的方法，是在原工程投标报价或合同价的基础上，根据所收集、整理的各种结算资料，如设计变更、技术核定、现场签证、工程量核定单等进行直接费的增减调整计算，按取费标准的规定计算各项费用，最后汇总为工程结算造价。

五、焊接安装工程项目竣工决算

（一）项目竣工决算的概念

项目竣工决算是指所有建设工程项目竣工后，项目发包方按照国家有关规定编制的竣工决算报告。项目竣工决算是正确核定新增固定资产价值，考核分析投资效果，建立健全经济责任制的依据，也是项目竣工验收报告的重要组成部分。

（二）项目竣工决算的依据

焊接安装工程项目竣工决算编制的主要依据如下。

① 项目计划任务书和有关文件。

② 项目总概算和单项工程综合概算书。

③ 项目设计图纸及说明书。

④ 设计交底、图纸会审资料。

⑤ 合同文件。

⑥ 项目竣工结算书。

⑦ 各种设计变更、经济签证。

⑧ 设备、材料调价文件及记录。

⑨ 竣工档案资料。

⑩ 相关的项目资料、财务决算及批复文件。

（三）项目竣工决算的内容

焊接安装工程项目竣工决算的内容主要包括项目竣工财务决算说明书、项目竣工财务决算报表、项目造价分析资料表三部分，下面主要介绍前两个部分。

1. 项目竣工财务决算说明书

项目竣工财务决算说明书总结反映竣工工程建设成果和经验，是全面考核分析工程投资与造价的书面总结，是竣工决算报告的重要组成部分，其主要内容如下。

① 工程项目概况，主要是对项目的建设工期、工程质量、投资效果以及设计、施工等

各方面的情况进行概括分析的说明。

②　工程项目投资来源、占用（运用）、会计财务处理、财产物资情况以及项目债权债务的清偿情况等的分析说明。

③　工程项目资金节超、竣工项目资金结余、上交分配等说明。

④　工程项目各项主要技术经济指标的完成比较、分析评价等。

⑤　工程项目管理及竣工决算中存在的问题和处理意见。

⑥　工程项目竣工决算中需要说明的其他事项等。

2. 项目竣工财务决算报表

根据财政部的规定，建设工程项目竣工财务决算报表分为大中型项目竣工财务决算报表和小型项目竣工财务决算报表。

（四）项目竣工决算的编制程序

核发焊接安装工程项目竣工决算的编制应遵循下列程序。

①　收集、整理有关项目竣工决算依据。在项目竣工决算编制之前，应认真收集、整理各种有关的项目竣工决算依据，做好各项基础工作，保证项目竣工决算编制的完整性。项目竣工决算的依据是各种研究报告、投资估算、设计文件、设计概算、批复文件、变更记录、招标标底、投标报价、工程合同、工程结算、调价文件、基建文件、竣工档案等各种工程文件资料。

②　清理项目账务、债务和结算物资。项目账务、债务和结算物资的清理核对是保证项目竣工决算编制工作准确有效的重要环节。要认真核实项目交付使用资产的成本，做好各种账务、债务和结余物资的清理工作，做到时及时清偿、及时回收。清理的具体工作要做到逐项清点、核实账目、整理汇总、妥善管理。

③　填写项目竣工决算报告。项目竣工决算报告的内容是项目建设成果的综合反映，项目竣工决算报告中各种财务决算表格中的内容应依据编制资料进行计算和统计，并符合有关规定。

④　编写竣工决算说明书。项目竣工决算说明书具有建设项目竣工决算系统性的特点，综合反映项目从筹建开始到竣工交付使用为止全过程的建设情况，包括项目建设成果和主要技术经济指标的完成情况。

⑤　报上级审查。项目竣工决算编制完毕，应将编写的文字说明和填写的各种报表，经过反复认真校稿核对，无误后装帧成册，形成完整的项目竣工决算文件报告，及时上报审批。

第四章

焊接生产组织实施

焊接生产组织实施的内容主要包括焊接生产准备、焊接车间的组成与平面布置以及焊接生产物流的内容。

第一节　焊接生产准备

焊接生产准备是指在焊接产品正式制造前，为确保焊接产品生产或安装正常进行所需要做好的一切准备。主要包括焊接生产技术准备、生产物资准备、设备与工装设备准备、劳动组织准备、其他生产准备、外协准备等。

一、焊接生产技术准备

焊接结构生产企业在开发新产品、改造老产品、采用新技术或改变生产组织方法时，在正式进行焊接结构生产前，都需要进行一系列生产技术方面的准备工作。生产技术准备工作的好坏，对日后生产能否正常进行，产品质量能否保证，产品成本能否得到有效控制，焊接生产是否安全，均衡生产能否实现，企业能否获得良好的经济效益，有着决定性的影响。

生产技术准备工作的主要内容如下。

① 检查即将生产的焊接产品的各种技术文件。

② 制定生产工艺文件及质量保证文件。

③ 生产或管理人员熟悉与本岗位相关的生产工艺文件及质量保证文件。

④ 进行必要的技术改造。

（一）检查焊接产品的技术文件

这项工作的主要内容如下。

① 主要检查即将生产的焊接产品清单是否已齐全。因为在清单中按产品结构进行了分类，并注明该产品的年产量，即生产纲领。生产纲领确定了生产的性质，同时也决定了焊接生产工艺的技术水平。

生产纲领是一个生产基本单位（工厂或车间）的生产目标，生产基本单位的一切生产活动都是围绕实现这个目标而进行的。确定了生产纲领，产品特征、生产类型也就被确定了。

② 检查即将生产的所有焊接产品的施工（或制造）图纸和生产技术条件是否已齐全。焊接产品清单和产品图纸、生产技术条件齐全后，即可进入制定生产工艺文件和质量保证文件阶段。

（二）制定生产工艺文件及质量保证文件

当即将生产的焊接产品清单及其施工（或制造）图纸和技术条件均已具备后，由企业的技术部门依据这些图纸和文件，了解焊接产品的结构特点，在此基础上进行工艺分析，制定整个焊接结构生产工艺流程，确定技术措施，选择合理工艺方法，并在此基础上进行必要的工艺试验和工艺评定，最后制定出工艺文件及质量保证文件。

这些生产工艺文件包括生产流程图表、工艺过程卡、备料工艺卡、装配-焊接工艺卡、检验工序卡等。

1. 生产流程图表

对某一结构或构件进行部件、零件划分，根据各个部件、零件需要经历的生产过程制成方块图或列表，其具体内容如下。

① 部件、零件的代号、名称、重量和数量。

② 各部件经过的加工地点（车间、工段等）。

③ 各部件的主要加工方法及工时。

④ 各部件最后到达总装焊地点（或中间仓库）的时间和结构整体最后完成期限。

2. 工艺过程卡

生产过程卡可以用生产流程图表示，也可参照生产过程图表的内容填写或编制，内容应包括如下项目。

① 产品的名称、代号、材料、重量及数量。

② 加工地点、加工工序名称及顺序。

③ 各工序所用的加工设备、装备及工具。

④ 每一工序的工人人数、工种及工具。

⑤ 完成每一工序的估算定额。

3. 备料工艺卡

备料工艺卡的内容应包括如下项目。

① 产品的名称、代号、材料、重量及数量。

② 一次生产的零件数目。

③ 零件经过工序的名称、顺序及零件在各工序加工后的尺寸及公差（常附简图说明）。

④ 设备、装备及工具的类型，详细的加工参数及有关加工的技术说明。

⑤ 各工序工种工人数、材料及劳动定额。

⑥ 各工序的检验方法及所用设备或工具。

4. 装配-焊接工艺卡

在批量生产或大量生产中，可分别编制装配工艺卡及焊接卡，其主要内容如下。

①～⑥与备料工艺卡的①～⑥相同。

⑦ 装配基面及装配顺序、预留余量或间隙数值、点固焊位置、焊缝长度及焊接方法与材料。

⑧ 焊接方法、设备类型、焊接参数、焊接顺序及方向、焊缝形状及尺寸等。

⑨ 焊条、焊丝、焊剂及气体的种类、规格、使用注意事项及消耗定额等。

⑩ 胎具、夹具和机械装置等的调节、检查和操作的方法、顺序及注意事项等。

5. 检验工序卡

该卡除注明检验产品所使用的设备类型、工作规范、操作程序、工具量具等之外，还必须规定工人等级、工时定额、产品质量等级及检验结果、返修及复检程序、报废原因及依据等。

6. 工艺文件的格式

工艺文件的具体格式是多种多样的，在包括上述各项基本内容的基础上，一般都印制成表格，由工艺技术人员填写，经批准签字后生效。为了标准化，便于企业管理和使用，每个企业的上述文件应有统一格式。

上述各种工艺文件的编制及使用情况决定于生产类型。对产品质量要求越高、越严，工艺文件的编制也越为详细和明确。为了保证产品质量和提高生产率，许多生产单位还使用工艺质量传递卡、各种单项技术指示书、各种技术试验任务书、技术学习及人员培训命令书等。

工艺文件在生产实践中具有法令性，正确合理的工艺文件是各类生产人员所必须执行的，否则，所引起的严重责任和技术事故将以工艺文件为依据对有关人员追究法律责任。当工艺文件不适合生产实际时，需要经一定审批程序予以修订或重编。

工艺文件的制定或编写不能带有随意性，它是在工艺方案论证和进行详细的工艺分析之后才被确定的，其中每一项内容和要求都应根据成熟的生产经验、科学试验和工艺试验的有效结果而提出。因此，在编制工艺文件之前，必须对焊接产品进行工艺分析和方案论证，以熟悉和了解焊接生产的各个环节对焊接产品质量、生产率和经济效益的影响及相应关系，为制定出各项切实可行的工艺文件奠定坚实基础。

在新的焊接产品生产过程中，能否采用新工艺、新设备，从而提高焊接产品的质量和生产效率，节省生产成本，提高产品的市场竞争力，关键在这一步。

例如，若企业原来在产品生产中采用的是焊条电弧焊工艺，现在因为同样的产品年产量提高了，如改用二氧化碳气体保护电弧焊工艺，则可明显缩短单位产品的焊接加工时间，从而提高整体焊接生产率，节省焊接生产成本。

又如，若某焊接产品的生产过程中含有大量的切割备料工作量，原来采用的是手工（或半自动）氧-乙炔火焰切割工艺。现可借产品产量大幅提高之机，添加数控多头氧-乙炔火焰切割设备，将原来的手工单头切割改为数控多头自动切割，既可提高切割质量及切割速度，又可减少切割工人的数量，降低相应的生产成本。

又如，某企业接到大批量生产桥梁中使用的大型钢梁的任务（焊接量主要是厚钢的角焊缝），固然可选择原来本企业熟悉的二氧化碳气体保护电弧焊工艺，但也可借助工装，把相应的角焊缝改为船形焊缝，即可采用生产率更高、焊缝质量更好、单位产品成本更低的埋弧焊工艺。

（三）生产或管理人员熟悉与本岗位相关的生产工艺文件及质量保证文件

当技术部门制定出工艺文件及质量保证文件后，在正式开始生产前，应组织技术部门对生产部门（主要指焊接生产车间）进行文件交底。使焊接车间的技术人员、管理人员熟悉本车间产品的生产工艺文件以及质量保证文件。

随后，焊接车间的技术人员和管理人员应及时组织本车间各作业人员（焊工、车工、辅助工人等）学习与本岗位相关的工艺、工序生产文件以及质量保证文件，并熟悉这些文件，以确保正式生产时不会因作业人员对生产要求不熟悉而造成生产速度慢，甚至生产出较多的次品、废品。

（四）进行必要的技术改造

在制定生产工艺文件阶段，若对新产品采用了新工艺，则可能需要对企业原来的焊接车间的主要生产设备（如焊机）、大型辅助设备（如吊车）、剪板机、工装等进行技术改造，以满足新工艺的要求。

二、焊接生产物资准备

（一）焊接生产物资准备的工作内容

焊接产品生产中所需的物资包括主材（钢板、钢管、型钢等钢材）、外购件（法兰、标准件）、辅材（焊条、焊丝、焊剂、氧气、乙炔气、二氧化碳气、氩气等）、外协件（即交由其他企业生产的非关键零部件）、工艺装备（滚轮架、变位器、夹具等）。

焊接生产物资准备工作有材料准备、工装准备等。

1. 材料准备

根据产品图纸材料表算出各种材质、规格的材料理论用量，考虑合理的损耗，提出材料预算计划，结合生产进度计划，编制主材、辅材、外购件、外协件需要量及供应计划，为焊接生产备料、确定仓库和车间临时堆积场地以及组织运输提供依据。

2. 工艺装备准备

根据生产工艺流程及现场工艺布置图的要求，在相应生产工位安装好工艺装备并调试，确保能按设计要求正常使用。

（二）焊接生产物资准备的程序

① 编制各种物资需要量计划。

② 选择信誉好、价廉物优的供货商家，签订物资供应合同。

③ 确定物资物流方案和计划。

④ 组织物资按计划进厂（场）和保管。

三、生产设备准备

焊接结构生产中常用的设备有剪切设备、成形设备、焊接设备、切割设备、无损检测设备、试压设备、热处理设备、焊材烘干设备、空压设备、理化检测设备和其他仪器、仪表等主要生产设备以及吊车、叉车等辅助生产设备。

1. 新增设备采购

对于新建车间，根据设计部门设计书中设备明细表中的详细资料，进行设备采购和安装。

设备明细表主要明确了设备的型号、性能要求、主要技术参数、数量、推荐厂家等。焊接车间的主任或技术负责人配合企业设备科，考核各设备厂家的性能价格比，确定最后采购的供应厂家，新购设备须保证能满足制造质量要求。

对于只是进行技术改造的原有焊接车间，其车间设计书中的设备明细表中也列出了新购设备的型号、性能要求、主要技术参数、数量、推荐厂家。其采购程序同新建车间。

原有焊接车间中，部分原有生产设备须对其进行维修、维护、改造，方可继续正常使用。

2. 新购设备验收

设备进厂后，由车间技术人员会同企业设备科相关人员对设备进行验收。验收内容包括设备与订购要求是否相符，使用说明书和装箱单规定的随机物品是否齐全，设备外观是否受损，并与专业人员对设备进行初步操作试用。验收合格后，由设备科统一编号，建立设备台账。设备的技术档案交企业设备科归档保存。设备使用部门主管人员签字后，办理设备使用手续，领用设备。

3. 焊接设备的使用

① 专业焊接设备应保持完好状态，完好率应达到100％。

② 各种焊机上应装有与设备额定参数相匹配的电流表和电压表。焊机上的仪表应由设备管理人员和计量管理人员登记建账，经检定合格后方可使用。各种仪表应在检定有效期内。

③ 焊接设备应设有"专用设备"、"完好设备"等标牌。

④ 焊接设备要做到四定：定使用人、定检修人、定操作规程、定期保养。

a. 定使用人是指由设备使用部门负责人提出名单，经企业设备负责人考核后，方可上机操作。

b. 定检修人是指由设备使用部门负责人根据本部门设备具体情况编制周期检修计划，指派专人或小组负责检修工作。

c. 定操作规程是指企业生产部和设备使用部门共同制定单机操作规程，经企业领导批准后执行。

d. 定期保养是指按照"设备定期维护保养标准"的要求，定期对设备进行维护保养。

⑤ 焊接设备不得随意搬动，不得靠近热源及易燃易爆气体。

⑥ 操作者应熟悉设备性能，不得超载使用或带负荷启动。使用时，工作时间应符合规定的暂载率要求。

⑦ 若设备发生故障，应首先切断电源及时检查，并及时向设备管理人员报告，以便处理。

4. 焊接设备的管理与维护

焊接设备进厂后，为了保证良好的工作状态，在生产过程中需要进行适当的维护保养，具体的操作应遵循以下原则。

① 设备日常维护保养由当班设备操作者按"设备日常维护保养标准"的要求，进行维护保养。每班保养由班组长验收，周末保养由单位主管领导按验收标准验收。

② 设备定期维护保养，每季度进行一次，以操作者为主维修人员配合，视设备状况按"设备定期维护保养标准"的要求，进行维护保养。使用部门验收后，生产部按验收报告标准抽查。

③ 设备必须按照有关标准进行定期检查，逐台做好记录，并存入焊接设备管理档案保存。对使用年限长、故障频繁、质量差、工效低、能耗高的焊接设备，由部门主管负责人审核后，报公司相关管理部门，进行技术改造或更新。

④ 设备必须按照各"维护保养标准"要求，进行精心保养，以保证设备处于完好状态。专业维修人员必须在设备检修间隔期内，按标准要求进行保养维修。

⑤ 企业相关部门每年负责组织车间、技术部门对设备进行完好程度鉴定。设备必须做到专管率100％，大型、关键单台设备必须达到均完好。

⑥ 设备连续三个月以上闲置、停用，应执行闲置设备的管理规定，并做好记录。

5. 焊接设备事故的处理

① 设备发生事故后，使用部门负责人应及时如实上报公司生产部，由生产部组织事故的调查分析。

② 发生事故后的设备，由生产部负责组织鉴定，经维修并鉴定后仍满足设备使用要求的，可继续投入使用。

③ 对于无法修复的设备办理报废手续，设备处理后生产部应及时修改设备台账的内容。

四、劳动组织准备

劳动组织准备主要是组建合理的生产班组，以及各生产班组中配备结构合理的各工种工人数。

（一）生产班组的组建

生产班组的组建主要根据设计中所拟采用的生产组织方式来确定。在焊接结构生产中，主要的生产组织方式有两种。

1. 专业分工的大流水作业生产。

这种生产组织方式的特点是各工序分工明确，所做的工作相对稳定，定机、定人进行流水作业，作业班组是专业班组，如焊工班组、机加工班组、装配钳工班组、冷作钳工班组。在有些大批量生产的场合，焊工班组会细分为焊条电弧焊班组、气体保护焊班组、埋弧焊班组、TIG焊（钨极惰性气体保护电弧焊）班组等；冷作钳工班组则分为划线放样班组、切割班组、构件成形班组等。因此，应选择专业技能较强人员组成各个作业班组。这种生产组织方式适用于大型、工期长的生产项目。

2. 一包到底的混合组织方式

这种生产组织方式的特点是产品统一由大班组包干，生产人员多是"一专多能"的综合型技能人员，如放样工兼做划线、装配，剪冲工兼做平直、矫正，焊工兼做切割等，而且机具也是由大班组统一调配使用的。因此应选择工作经验丰富、技术水平较高的多面手组成作业班组。这种生产组织方式适合小型、工期短的生产项目。

无论采用何种方式的生产组织，均应按照生产进度计划拟定劳动力需要计划，按照生产进度要求，既要及时准备作业班组投入生产，又要避免无计划而出现生产人员窝工现象，造成不必要的人力浪费。

（二）各班组中各工种作业人员配备

在焊接产品正式生产前，应根据实际生产任务来确定车间中各班组中各工种的作业人员数，同时应确保这些作业人员能胜任本岗位工作。由于很多情况下，焊接产品的生产都带有流水作业性质，若某岗位上的作业人员比例不合适，或不能胜任本岗位工作，则会造成整个企业焊接生产过程的连续性、比例性出现问题，不能按计划完成生产任务，提高整体生产成本，延长生产周期等。

焊工有岗位准入要求，因此，要核查焊工是否具有电焊工操作证。对于某些要求高的焊接结构，如压力容器制造，对焊工还有技能水平要求，这也需要事先对该岗位的焊工的焊接操作技能进行考核，合格后方可允许其上岗。

此外，劳动力在各企业之间流动是正常的现象。为了避免因为核心工种作业人员突然辞职而造成生产进度变缓甚至停顿，应预先制定相应的应急机制，确保焊接产品生产过程中，不会发生因人员变动而影响生产的现象。

保证本企业作业人员特别是核心工种人员的相对稳定，除了合理地保障他们的工资待遇外，建设齐全合理的企业文化，增加员工的凝聚力，也会起到很重要的作用。

（三）建立健全各项管理制度

在焊接生产过程中必须建立健全各项管理制度，加强遵纪守法教育，使生产过程能顺利进行。在施工过程中，有章不循后果严重，无章可依则更危险。焊接生产过程中，应建立技术质量责任制、工程技术档案、施工图纸学习、技术交底、职工考勤考核、生产材料和产品的检查验收、材料出入库和保管、安全操作、机具使用保养等管理制度。

五、其他生产准备

其他生产准备包括焊接车间的供电、供水、供气、通风等准备。

对于焊接车间，无论是新建的或是因技术改造而改建扩建的，在焊接生产进行之前，均应保证动力能源的正常供应。这些动力能源主要有供电、供水、供气和通风等。

1. 供电

焊接车间是耗电大户，焊机的电源要求有单相、三相两种，一般来说，每台生产用的焊机的电容量都较大。如弧焊变压器 BX3-300 为单相用电设备，其额定容量约为 $20kV \cdot A$；硅弧焊整流器 ZXG7-300 为三相用电设备，其额定容量约为 $22kV \cdot A$；弧焊逆变器 ZX7-315 为三相用电设备，其额定容量约为 $11kV \cdot A$。此外，焊接车间中，往往有吊车、剪板机等大型用电设备，确保焊接生产过程中的正常供电很重要。焊机在使用过程中容易发生人身伤亡、设备损坏和火灾等事故，为此，在焊接产品正式生产前，须对焊接车间的供电系统进行核查，以确保焊接生产安全以及生产能按计划正常进行。

对焊接车间供电系统核查的主要内容有车间动力电缆是否可靠地固定在墙上，电缆外表绝缘层是否破坏而露出里面的导体，空气断路器、漏电保护开关等保护电器是否处于正常运行状态，各供电点的相线是否正确连接等。

2. 供水

部分焊机如大容量 TIG 焊机、各类电阻焊机、电渣焊机等要求用冷却水冷却，而为了节约能源，规定冷却水用量达到一定数量时，要求对冷却水进行循环使用。因此，在焊接生产开始前应对焊接车间的生产用水管路进行核查，确保已正常供应，且途中未发生漏水现象。

3. 供气

焊接生产过程中，往往用到各种气体，如焊接工艺中要求的保护气：二氧化碳气体、氩气，切割用氧气、乙炔气等。这些气体一般以瓶装形式供应，生产过程中若操作不正确，易发生火灾、爆炸等危险。因此在生产过程中，为了保证正常安全供气，须设立专门的气瓶储放室，生产现场中的气瓶须按有关安全操作要求放置及使用。

如焊接生产过程上述工艺需要的保护气用量很大，则为了节省成本，减少安全事故发生，常使用管道供气方式，即在车间某位置设置专门的气站，通过供气管线把这些气体供应到用气点。这时候，在焊接生产开始前，须对气站、供气管道的安全情况进行核查。

4. 通风

焊接车间在焊接生产过程中，往往会产生烟尘、各种有毒气体等，影响现场操作者的健康，严重的甚至会危及操作者的生命。因此，须对焊工作业现场采取适当的通风措施，以消除焊接粉尘和有毒气体，改善劳动条件。通常为降低通风成本，焊接车间多采用局部通风措施。

在焊接产品正式进行生产前，须全面核查本焊接车间的通风设施是否处于正常状态，其电源供应是否正常。

六、外协准备

1. 外协件的确定

焊接生产企业在进行焊接生产时，往往会有一些部件不在本企业生产，而委托其他企业生产。这些不在本企业进行生产的部件称为外协件。

某焊接生产企业的产品中，外协件的确定主要有以下两种情况。

① 某些部件如锻件的生产、封头和膨胀节的成形等，因专业性较强，本企业无法承担其生产，或本企业有能力生产，但先期需投入较大费用去购买其制造设备，因为产量不大，经济上不合算。

② 某些小型零部件，本企业生产数量不大，技术含量不高。确定为外协件可减少本企业制造的零、部件的种类，提高工作场地的专业化程度，改善生产类型。

2. 外协工作的程序

① 确定外协件，由生产部依据图纸、制造工序过程卡向外协单位提出协作要求。

② 生产部与质检部应对外协单位的质量控制系统进行全面考核，经考核合格后，由双方存档备案，确定相对稳定的外协单位。

③ 外协人员必须熟悉图纸和技术要求，包括数量、材质、尺寸及精度、热处理要求等。

④ 在生产外协件过程中，必要时应派本企业质检人员对协作单位的软、硬件质量控制能力进行抽查，提出改进意见，如发现其质量控制能力达不到要求时，质检科可提出取消该单位协作的建议。

⑤ 外协件进厂后，由生产部外协人员将外协件进行标记移植，交检验员对其尺寸、材质标记进行全面检验，认可后由检验员打钢印确认，并进行检验记录。同时外协单位应向检验员提供外协件质量证明书，经检验合格的外协件移交生产部半成品库。

第二节　焊接车间的组成与平面布置

批量焊接结构的生产一般是在焊接车间内进行的。焊接车间布局是否合理，与保证焊接产品的质量、焊接生产过程的安全、降低焊接产品的成本等有很大关系。

一、焊接车间的布局

焊接车间的布局包括焊接车间在工厂总平面中的位置，以及车间内部焊接生产单位的组成两方面。

（一）焊接车间在工厂总平面图中的位置

焊接车间在工厂总平面图中的位置，由生产厂长领导本厂相关部门，配合设计单位进行确定。主要考虑本焊接车间的生产工艺在全厂整体生产环节中的位置来确定。例如，汽车制造厂中，焊接工艺在冲压工艺之后，喷涂工艺之前。则在汽车制造厂的总图布置中，焊接车间应位于冲压车间和喷涂车间之间，这样，整体生产物流才没有倒流现象，既减少生产物流的时间，也能降低物流的成本，还能提高生产安全系数。

（二）焊接车间的组成

焊接车间一般由生产部门、辅助部门、行政管理部门以及生活间等组成。

1. 生产部门

焊接车间内生产部门主要根据车间规模的大小，分为若干个工段或班组。当车间规模较大时，应设置工段，每个工段人数在 $100 \sim 200$ 人。每个工段再设若干个班组，每个班组人数不宜超过 30 人。当车间规模较小时，直接设置班组。

工段或班组主要有以下两种划分方式。

（1）按工艺性质划分　包括备料加工工段、装配工段、焊接工段、检验试验工段和涂装包装工段等。

（2）按产品结构对象划分　如液化气罐焊接工段、柱梁焊接工段等。

　　2. 辅助部门

　　主要依据车间规模大小、类型、工艺设备以及协作情况而定，一般包括以下所述的全部或部分：样板间、样板库、水泵房、机修间、工具分发室、焊接试验室、焊接材料库、金属材料库、中间半成品库、胎夹具库、辅助材料库、模具库和成品库等。

　　3. 行政管理部门及生活间

　　主要包括车间办公室、技术科（组、室）、会议室、资料室、更衣室、洗手间、休息室等。

　　（三）焊接车间设计

　　1. 焊接车间设计简述

　　焊接车间设计分为新建或在原有车间基础上进行改建扩建两种类型。

　　若整个工厂是新建的，则焊接车间也是新建的。这样，可以依据以下所述的一定的模式进行焊接车间的设计，这种情形相对容易进行，不同于改建车间那样受原有车间现状的约束。

　　若焊接车间已经存在，只是在此基础上进行改建或扩建，则其设计起来要复杂一些。进行这类车间设计，除了依据与全新车间设计的模式进行外，还得兼顾车间原来的状况，如车间已存在的土建形状、车间现有运输设备（如吊车等）的现状、现有的动力布置现状、现有的带有基础的大型设备（如剪板机、冲床等）的现状。

　　2. 车间设计的原料资料

　　车间设计的第一步，是收集原始资料作为设计的依据。这些原始资料包括如下内容。

　　① 生产纲领，即本车间将要生产的产品清单和年产量。

　　② 每种产品的全套生产图纸。

　　③ 制造、试验和验收的技术条件。

　　④ 焊接车间与其他车间在产品工艺流程上的关系。

　　⑤ 改建车间原有的土建图、设备基础图、水电气布线图、车间建成年份、车间使用年限、现状设备平面布置图。

　　⑥ 改建车间现有设备清单、员工分类及人数。

　　⑦ 工厂总平面图。

　　3. 焊接车间工艺设计的内容及步骤

　　① 根据产品的工艺规程、工艺卡，每个产品每道工序所需的劳动量，每个产品的年设计生产量，计算出本车间各工种全年所需的劳动量（年总工时），从而确定车间所需生产工人、辅助工人的工种、等级和人数，进而确定行政管理人员和工程技术人员的级别和人数。

　　② 根据每件产品生产时占用设备时间、每件产品的年设计生产量，计算出本车间焊接生产占用主要生产设备的时间（台时），从而确定本车间所需各种主要生产设备、辅助设备数量。

　　③ 计算本车间焊接生产所需的基本材料、辅助材料数量。

　　④ 计算本车间焊接生产所需的水、电、气消耗量。

　　⑤ 根据确定的生产组成部分，按车间、工段或生产组画出车间设备及工艺平面布置图。

　　对于新建焊接车间，可以完全根据确定的生产设备、辅助设备、生产组成部分、产品结构、工装夹具、生产工艺、工艺水电气要求等内容，按比例画出车间设备及工艺平面布置图，确保焊接生产工艺及物流通畅。最后确定该焊接车间建筑物的基本尺寸。

对于原有焊接车间，则只能在原有土建结构基础上进行工艺布置，保证焊接生产工艺及物流基本通畅。有时候受制于原有的车间土建尺寸，某些工艺布置或设备布置不一定能完全理想化。

（四）焊接车间平面布置

焊接车间平面布置与采用的工艺方法及批量大小有很密切的关系。平面布置主要根据车间规模、产品特点、本焊接车间在总图中的位置等情况加以确定。一般可分为纵向布置、迂回布置、纵横向混合布置等。

1. 纵向布置

车间纵向平面布置有两种形式，图 4-1(a) 所示是其中一种形式，即仓库布置在车间两端。在这种车间布置中，车间内生产方向与车间长度同向，并与工厂总平面图上的工艺流动方向一致。其工艺路线紧凑，生产物流路线最短，备料和装焊同跨布置。但两端仓库限制了车间在长度方向的发展。图 4-1(b) 所示是纵向布置的另一种形式，即仓库布置在车间一侧。室外仓库与厂房柱子合用，可节省建筑投资，但零、部件越跨较多。适用于产品加工路线短，外形尺寸不太长，备料与装焊单件小批生产的车间。

车间纵向平面布置适用于各种加工路线短、不太复杂的焊接产品的生产，包括质量不大的建筑金属结构的生产。

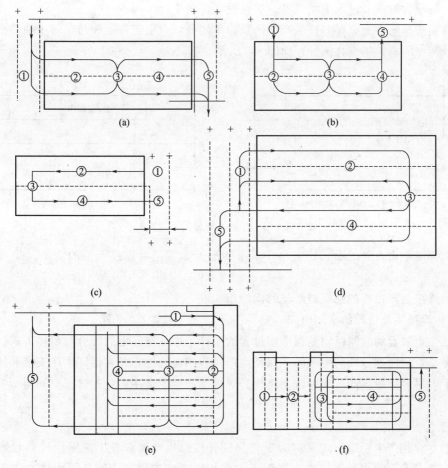

图 4-1　典型焊接车间平面布置方式

①—原材料库；②—备料工段；③—中间仓库；④—装焊工段；⑤—成品仓库

2. 迂回布置

车间迂回平面布置也有两种形式，图 4-1(c) 所示是其中一种形式。这种形式每一工段有 1～2 个跨间。备料与装焊分开跨间布置，厂房结构简单，经济实用。备料设备集中布置，调配方便，发展灵活。但是不管零、部件加工路线长短，都必须要走较长的空程，并且长件越跨不便。这种布置方案适用于零件加工路线较长的单件小批、成批生产。

图 4-1(d) 所示是迂回生产平面布置的另一种方案，只是车间面积较大，按照不同的加工工艺在各个车间里进行专业化生产，包括备料（剪切、刨边、气割下料等），零部件的装焊，最后到总装配焊接的车间。这种方案适用于桥式起重机成批生产性质的车间。

3. 纵横向混合布置

车间纵横向混合布置也有两种形式，图 4-1(e) 所示是其中一种形式，车间工艺路线为纵横向混合生产方向布置方案，备料设备既集中又分散布置，调配灵活，各装焊跨间可根据多种产品的不同要求分别组织生产。路线顺而短，又灵活、经济，但厂房结构较复杂，建筑费较高。这种方案适用于多种产品、单件小批、成批生产性质的车间。图 4-1(f) 所示是纵横向生产平面布置的另一种方案，生产工艺路线短而紧凑。同类设备布置在同一跨内便于调配使用，工段划分灵活，中间半成品库调度方便。备料设备可利用柱间布置，面积可充分利用。共同的设备布置在两端，装焊各跨可根据产品的不同要求分别布置。适用于产品品种多而杂，并且量大的产品（如重型机器、矿山设备）的生产车间。

焊接结构车间平面布置如按生产的区域简单划分，有生产作业线与车间主轴线平行和生产作业线与车间主轴线垂直两种，如图 4-2 所示。

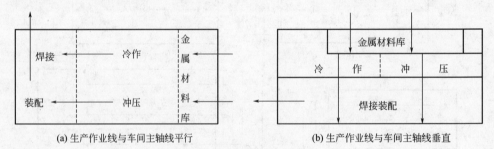

(a) 生产作业线与车间主轴线平行 　　　　(b) 生产作业线与车间主轴线垂直

图 4-2　按生产区域划分的布置方案

车间标准平面布置的形式还有很多，车间平面布置是由焊接产品的特征及生产纲领决定的。

二、焊接生产过程的空间组织与时间组织

（一）焊接生产过程的空间组织

焊接生产过程的空间组织是指生产过程的生产工序在空间上的配合与衔接方式。空间组织的任务是合理而充分地利用空间，保证生产过程的连续性，并在保证生产安全和维修方便的前提下，尽量缩短生产对象的流动路线。焊接生产企业常用的生产过程空间组织有以下几种形式。

1. 工艺专业化生产组织形式

工艺专业化生产组织形式又称为工艺原则，按照生产过程各工艺阶段性质设置生产单位。在工艺专业化的生产单位中，布置了大致相同类型的设备，配备了大体相同工种的工人，采用基本上相同的工艺操作方法，对不同产品进行加工。

　　这种组织形式的优点是适应市场需求变化能力较强，易于进行产品的更新换代；生产设备和生产面积可以得到充分利用，如某台设备发生故障，其他设备可以代替，生产不至于中断；专业设备集中，有利于技术革新和技术交流，便于工艺管理；有利于设备维修和工具的供应与管理。缺点是产品在生产过程中生产周期长，物料输送线路长，热能损失大，占用流动资金多，各生产单位之间的协调工作较困难。

　　2. 对象专业化生产组织形式

　　对象专业化生产组织形式又称为对象原则。它以产品为对象来设置生产单位，在对象专业化的生产单位中集中不同类型的生产设备和不同工种的工人，对同类产品进行不同工艺阶段的加工。因为这种生产组织方式在一个生产单位中包括从原料到产品的全部生产过程，所以也被称为封闭式组织形式。

　　这种组织形式的优点是产品集中于一个生产单位完成，加工流程短，可以缩短生产周期，节约流动资金，生产调度比较简单，内部管理比较紧凑。缺点是由于同类工艺设备同种技术工人分散在不同的生产单位，故不利于专业化管理；不利于充分利用生产设备和生产面积；对象专业化程度越高，产品调整、转换就越困难；生产单位内部协调工作量大，管理难度大。

　　一般来说，工艺专业化形式适合单件或成批生产，对象专业化形式产品品种单一，产品结构较稳定，适合大量生产。

　　3. 混合原则

　　在实际生产中，不少企业根据市场对产品的需求特点，把工艺专业化生产和对象专业化生产两种组织形式结合起来，采用混合形式的生产组织形式，即关键的、有共性的环节按工艺专业化要求，其他环节按对象专业化进行组织，这样可以综合发挥两种专业化形式的优势，给企业带来效益。

　　4. 流水线

　　流水生产是对象专业化组织形式的进一步发展，是劳动分工较细、生产效率较高的一种组织形式。流水线是指劳动对象按一定工艺路线和规定的生产速度，连续不断地经过各个工作地，顺序地进行加工并产出产品的一种生产组织形式。流水生产线有如下特点。

　　① 流水线上固定生产一种或几种产品，其生产过程是连续的。

　　② 流水线上各工作地是按照产品工艺过程顺序排列的，产品按单向运输路线移动。

　　③ 流水线按规定节拍进行生产。

　　④ 流水线上各工序之间的生产能力是平衡、成比例的。

　　⑤ 流水线上各工序之间的运输采用传送带、轨道等传送装置，使在制品能在工序间及时传送。

　　流水线的主要优点是生产过程能较好地满足连续性、平行性、比例性及均衡性要求，生产效率高、生产周期短、在制品少，可以加速资金周转，降低产品成本，简化管理工作。其缺点是不够灵活，不能及时地适应市场对产品品种变化以及技术革新和技术进步的要求。此外工人在流水线上工作比较单调、紧张，容易疲劳，也不利于提高工人的生产技术水平。

　　（二）生产过程的时间组织

　　生产过程的时间组织是指劳动对象经过各生产单位、工序时，在时间上配合和衔接的组织。时间组织的任务是研究如何加速物流在生产过程中的流动速度，尽量缩短产品的生产周期。生产周期是指产品从原材料投入生产过程开始，到产出最终产品为止，所占用的全部时间。缩短生产周期有利于减少在制品的数量，降低流动资金的占用，提高企业的生产能力，使交货日期提前，增加企业在市场上的竞争力。

劳动对象在生产过程中的移动方式对于生产过程的时间长度有着显著的影响，一般可采用的移动方式有顺序移动方式、平行移动方式和平行顺序移动方式三种。这三种移动方式的选择一般要考虑批量大小、零件大小、加工时间长短和产品交货期要求等因素。总的要求是做到缩短周期、提高效率、按时交货。

1. 顺序移动方式

顺序移动方式就是一批零件或产品，在前一道工序全部加工完成后，才整批地移动到后一道工序继续进行加工。零件在工序之间整批运输。其优点是组织与计划工作简单，零件集中加工，集中运输，减少了设备调整时间和运输工作量，设备连续加工不停顿，效率较高。其缺点是大多数产品有等待加工和等待运输的现象，焊接生产周期长，资金周转慢，经济效益较差。

2. 平行移动方式

平行移动方式就是当前道工序加工完成一个零件或产品之后，立即转移到后一道工序，继续进行加工。即工序之间的零件或产品的传递不是整批的，而是以零件或产品为单位分别进行，从而使工序与工序之间形成平行作业的状态。

3. 平行顺序移动方式

平行顺序移动方式是将平行移动方式与顺序移动方式相结合，即一批零件在某道工序尚未加工完毕，就将已经加工好的一部分零件转到后道工序加工，并使后道工序能连续地全部加工该批零件。平行顺序移动方式综合了两种移动方式的优点，既缩短了一批零件的加工周期，又避免了设备间歇运转的现象，但这种移动方式设计比较复杂。

上述三种移动方式各有特点，从焊接生产周期来看，平行移动方式最短，平行顺序移动方式次之，顺序移动方式最长。但在选择移动方式时，不能只考虑焊接生产周期，还要根据企业焊接生产实际情况，权衡优劣，分别加以利用。一般考虑的因素有加工批量的大小、加工对象的尺寸大小、工序时间的长短以及焊接生产过程空间组织的专业化形式等。

第三节　焊接生产物流

物流是在需要的时间将所需要的物品送到需要的场所的运动。这种运动的主要目的是创造时间价值和场所价值。

焊接生产物流指在焊接生产过程中所涉及的物流过程，包括从原材料、焊接材料、外购件开始，投入生产后，经过下料、发料，输送到各加工点和存储点加工，以在制品的形态，从一个生产单位流到另一个生产单位。焊接生产物流从原材料、焊接材料、外购零件开始，直到产品通过整个焊接生产过程后，进入企业的制成品仓库结束。焊接生产中的物流的时间价值是指加快物流速度，缩短物流时间，减少物流的损失，降低物流的消耗，加快周转，从而节约资金。

一、物流系统概述

（一）物流系统分析

物流系统的构成要素包括人、财、物、设施（设备）、产品（任务）和信息。这些要素相互依赖、相互制约，组成一个为特定目标服务的有机整体。对物流系统的分析，通常考虑以下两方面内容。

1. 可行方案

例如，要建立焊接车间物流搬运系统，有多种运输方案及运输机械设备可以选择：手推车、叉车、吊车、输送机等。在这些方案中，究竟选用何种方案最好，就要根据焊接生产的规模、焊接产品的形状尺寸、车间厂房是新建还是原有等条件，对这些方案综合分析和比较，通过分析比较得到的最优方案即为可行方案。

2. 费用和效益

建立系统需要大量的投资，一旦建成投产并成功运行，可获取收益。如果收益大于投资，设计方案可行；反之，则不可取。效益分析是决定方案是否可行的决定因素。例如，如果产量较小，采用吊车作为车间内运输工具就不可取。

（二）物流系统设计的原则

物流系统的设计应建立在使物流系统低成本，高效率、高效益运行的基础上，主要原则如下。

1. 近距离原则

在可能的条件下应使物料流动距离最短，以减少运输及运输搬运量。

2. 优先原则

在规划设计物流系统时应使彼此之间物流量大的设施与设备布置得近一些，而物流量小的设施与设备可布置得稍远一些。

3. 在制品库存最小原则

在制品是生产过程的必须物，但在制品库存则是一种浪费，以拉动式"看板管理"为基础的准时化生产管理，可以将库存降到最低限度，并最终实现零库存生产。

4. 避免迂回与倒流原则

迂回和倒流现象将严重影响生产系统的效率和效益，必须使其减少到最低程度，特别是在物流系统中的主要关键物流中。

5. 简化搬运原则

搬运物料不仅应有科学的设备和容器，还应有科学的操作方法，使搬运作业尽量简化，环节尽量减少，以提高物流系统的整体效率和可靠性。

6. 标准化搬运原则

物流搬运过程中使用各种托盘、料架等工位器具，要符合集装单元和标准化原则，以提高搬运效率和质量。企业中使用的物流设备和物流器具、容器直接反映了物流系统的效率水平和基础管理水平，企业应加以重视。

7. 提高物流搬运机械水平和利用策略原则

提高机械化水平，可提高搬运质量和效率。要根据物流量、搬运距离和资金条件等因素，合理选择搬运设备。在搬运过程中，利用重力进行物料搬运是最经济的、方便有效的手段。可利用高度差，采用滑板、滑道等方法节约能源，但要注意防止这些方法对物料的损坏及保证搬运过程中的人员的安全。

8. 柔性化原则

产品结构、生产规模、工艺条件的变化或管理结构的变更，都会引起物流系统结构的变化。因而在物流系统设计中，应注意系统的设计要有利于适应实际工作中的变化和灵活机动地进行调整。

二、企业供应物流

（一）企业物流概述

对于焊接生产企业来说，生产的正常进行需要各类物流活动支持，生产的全过程从原材料、焊接材料的采购开始，便要求有相应的物流活动。将所采购的材料运送到位，使焊接生产顺利进行称为供应物流。在生产的各工艺流程之间，也需要原材料、半成品的物流过程称为生产物流。生产余料和可重复利用的物资的回收称为回收物流。废弃物的处理称为废弃物流。可见，整个生产过程实际上就是系列化的物流活动。

企业供应物流主要由采购、供应、库存管理、仓库管理等部分构成。

（二）采购决策

采购决策的内容主要包括市场资料调查、市场变化信息的采集和反馈、供货方选择和决定进货批量、确定进货时间间隔。其中采购批量是采购决策中的重要问题。一般情况下，每次采购的数量越大，在价格上得到的优惠越多，同时因采购次数减少，采购费用相对节省。但一次进货数量过大，容易造成积压，从而占压资金，多支付银行利息和仓储管理费用。如果每次采购的数量过小，在价格上得不到优惠，还会因采购次数的增多而加大采购费用的支出，并且要承担因供应不及时而造成停产待料的风险。

经济订货批量公式又称经济批量订货法，它是由确定型存储模型推出的，进货间隔时间和进货数量是两个最主要的变量。运用这种方法，可以在存储费用和进货费用之间取得平衡，确定最佳进货数量和进货时间。

（三）供应预测与库存控制

1. 准确预测需求

准确预测需求是以企业生产计划对各类物资的需求为依据确定的物资供应需求量。

生产计划是根据市场对该产品的需求量来制定的，而供应计划则依据生产计划下达的产品品种、数量的需求、各种材料的消耗定额和生产工艺时序来制定的。供应要做到对各种原材料、焊接材料、购入件的需求量（包括品种、数量）和供货日期的准确需求预测，才能保证生产正常进行，降低成本，加速资金周转，提高企业经济效益。

2. 合理控制库存

供应物流中断将使生产陷于停顿，所以必须有一定数量的储备，以保证生产的正常进行。这种储备包括两方面：一是正常库存，因采购是批量进行的，而生产是连续进行的，由于这种节奏的不一致，要保证生产，必须有正常的库存。二是安全库存，即为了防止发生意外事故和不可知因素的影响使供应活动受到阻碍，需要有安全库存，以保证生产的正常进行。

（四）准时制采购

1. 准时制采购概念

准时制采购是一种理想的采购方式，它的最终目标是原材料和外购件的库存为零，这些原材料和外购件的质量缺陷也为零。在向最终目标努力的过程中，企业不断地降低原材料和外购件的库存，从而不断地暴露物资采购工作中的问题，采取措施解决问题，进一步降低库存。

2. 准时制采购的策略

（1）小批量采购可减少或消除原材料及外购件的库存，但会使送货频率增加，从而引起运输物流费用的增加。

（2）保证采购的质量。

（3）合理选择供货方，选择供货方的因素有产品质量、交货期、价格、技术能力、应变能力、批量柔性、交货期与价格的均衡、批量与价格的均衡、地理位置等。

（4）可靠的供货可消除缓冲库存，任何交货失误和送货延迟都会造成难以弥补的损失。

三、焊接企业生产物流

焊接企业生产物流是指焊接企业在焊接生产工艺流程中的物流活动。这种物流活动是与整个焊接生产工艺流程相伴的，实际上已构成了焊接生产工艺流程的一部分。焊接企业生产过程的物流大体为焊接原材料，焊接辅助材料，零、部件等从企业仓库或企业的门口开始，进入到生产线的开始端，再进一步随焊接生产过程在各个生产环节中流动，在流动的过程中，原料本身被加工，同时产生一些废料、余料，直到生产加工结束，再流向生产成品仓库，完成企业生产物流过程。

生产物流过程具有连续性、节奏性、平行性和应变性。

生产物流的主要影响因素有生产的类型、生产规模、企业的专业化与协作水平等。

（一）生产物流计划与控制原理

1. 生产物流计划

生产物流计划是企业生产过程中物料流动的纲领性的书面文件，指导生产物流从开始经有序运行，直到完成的全过程。生产物流计划的核心是生产作业计划的编制工作，即根据计划期内规定的生产产品的品种、数量、期限，以及生产发展的客观实际，具体安排产品及其零、部件在各工艺阶段的生产进度。

2. 生产物流计划的任务

① 保证生产计划的顺利完成。

② 为均衡生产创造条件。均衡生产是指企业及其内部的车间、工段、工作地等生产环节，在相等的时间阶段内，完成等量或均增数量的产品。

均衡生产要求即每个生产环节都要均衡地完成所承担的生产任务。不仅要在数量上均衡生产，而且各阶段物流要保持一定的比例关系，要尽可能缩短物料流动周期，同时要保持一定的节奏性。

③ 加强在制品管理，缩短生产周期。在制品过少，会使物流中断而影响生产；在制品过多，则会造成物流不畅，加长生产周期。对在制品的合理控制既可减少在制品占用量，又能使各生产环节衔接、协调，按物流作业计划有节奏地、均衡地组织物流活动。

3. 生产物流的控制

在生产物流运行过程中，由于受到物流企业的战略选择与企业内外环境的作用和影响，使得企业在生产过程中的生产物流会偏离预先目标，因此应加强企业生产物流的过程管理。生产物流控制的主要内容如下。

（1）进度控制　即物料在生产过程中的流入、流出控制，以及物流量的控制。

（2）在制品控制　在生产过程中对在制品进行静态、动态控制以及占有量的控制。在制品控制包括在制品实物控制和信息控制。有效地控制在制品，对按时完成产品生产计划和减少在制品积压均有重要意义。

（3）偏差的测定和处理　在产品生产过程中，按预定时间及顺序执行计划，掌握计划量与实际量的差距，根据发生差距的原因、内容及严重程度，采取不同的处理方法。首先，要预测差距的发生，事先规划消除差距的措施，如运用库存、组织外协等；其次，为及时调整产生差距的生产计划，要及时将差距的信息向生产计划部门反馈；再次，为了使本期生产计划不做或少做修改，将差距的信息向计划部门反馈，作为预先调整下期计划的依据。

4. 生产物流的控制原理

(1) 物流推进式　其基本方式是根据最终需求量，在考虑生产提前期后，向各阶段发布生产量指令。

该原理主要应用于多品种小批量生产类型的加工装配式生产中。它在计算机、通信技术控制下，对产品需求预测、生产计划、物料需求计划、能力需求计划、物料采购计划、生产成本核算等环节进行调节。其信息流往返于各工序、车间，而生产物流要严格按照与工艺顺序相反的方式确定物料需要量、需要时间（物料清单所表示的提前期），从前道工序推进到后道工序或下游车间，而不管后道工序或下游车间当时是否需要。这种物流推进式控制的信息流（生产指令）与（生产）物流完全分离。

推进式控制原理的特点是集中控制，每阶段物流活动服从集中控制的指令。从这方面看，各阶段没有独立影响本阶段局部库存的能力，就意味着这种控制原理不能使各阶段的库存保持期望水平。

推进式的生产物流，以零件为中心，强调严格执行计划，维持一定量的在制品库存。为了防止计划与实际的差异所带来的库存短缺现象，在编制物流需求计划时，往往采用较大的安全库存和有余地的固定提前期。而实际生产时间又往往低于提前期，于是不可避免地会产生在制品库存。一方面，这些安全储备量可以用于调节生产和需求之间、不同工序之间的平衡；另一方面，过高的库存也会降低物料在制造系统的流动速度，使生产周期变长。

(2) 物流拉动式　其基本方式是在最后阶段的外部需求，向前一阶段提出物流供应要求，前一段按本阶段的物流需求向上一阶段提出要求，依次类推，接受要求的阶段再重复地向前阶段提出要求。这种方式在形式上是多道工序，但各阶段各自独立发布指令，所以实质上是前一阶段的重复。

物流拉动式强调物流同步管理：第一，在必要的时间将必要数量的物料送到必要的地点。最理想状态是整个企业按同一节拍有比例性、节奏性、连续性和协调性，根据后道工序的需要投入和产出，不制造后道工序不需要的过量制品（零件、部件、组件、产品），工序在制品向"零"挑战。第二，必要的生产工具、工位器具的位置摆放要挂牌明示，以保证生产现场无杂物。第三，从最终市场对产品的需求出发，每道工序、上游车间只生产后道工序、下游车间需要的零、部件。这种物流拉动式控制的信息流与物流完全结合在一起，但信息流（生产指令）与（生产）物流方向相反。信息流控制的目标是保证按后道工序要求准时完成物料加工任务。

拉动式控制的生产物流，以零件为中心，要求前一道工序加工完的零件立即进入后一道工序，强调物流平衡而没有在制品库存，从而保证物流与生产需求同步。在生产物流控制上，以零件为基数运用计算机编制物料生产计划，并运用看板系统执行与控制，以实施计划为中心，工作的重点在制造现场。在对待库存状态上，一方面强调供应对生产的保证，但另一方面强调对零库存的要求，以不断暴露生产基本环节中的矛盾并加以改进，不断降低库存，以消灭库存产生的浪费为终极目标。

（二）物流需求计划（MRP）

物料需求计划是指对库存资源的管理要求做到，在需用的时候所有的物料都能配套备齐，而在不需用的时候，又不过早积压，从而达到既降低库存，又不出现物料短缺的目的。

物料需求计划是一种将库存管理和生产进度计划结合为一体的计算机辅助生产计划管理系统。

1. 物料需求计划问题

物料需求计划要回答以下四个问题。

（1）要生产什么　指的是出厂产品，是独立需求件。产品的出厂计划是根据销售合同或市场预测，由主生产计划来确定的。

（2）要用到什么　指的是产品结构或某些资源，由产品信息或物料清单确定。物料清单是计算机可以识别的产品结构数据文件。

（3）已经有了什么　由库存信息或物料的可用量确定。物料可用量不同于手工管理的库存台账，它是一种动态信息。

（4）还缺什么及什么时候下达计划　由物料需求计划运算确定。这种运算要回答三个具体问题，即需要什么（物料号）、需要多少（交货数量）、什么时候交货（交货期）。这是物料的"期"和"量"的问题。通过 MRP 运算，最后输出"制造计划"和"采购计划"两类信息。

2. 物料需求计划特点

（1）需求的相关性　根据订单确定所需产品的数量后，由产品结构文件即可推算出各种零、部件和原材料的数量。

（2）需求的确定性　物料需求计划都根据主生产进度计划、产品结构文件和库存文件精确计算出来，品种、数量和需求时间都有严格的要求，不可改变。

（3）计划的复杂性　由于产品对所有零、部件需求的数量、时间、先后关系等需要准确地计算出来，因此当产品的结构复杂，零、部件数量特别多时，必须依靠计算机计算。

（4）计划的优越性　由于各工序对所需要的物资都按精密计划适时足量地供应，一般不会产生超量库存，对于在制品还可以实现零库存，从而节约库存费用。

企业只有加强物流的信息化、系统化和规范化管理，才能协调好供应、生产和销售以及售后服务工作。

（三）准时制生产（JIT）

将必要的零件以必要的数量在必要的时间送到生产线，并且将所需要的零件，只以所需的数量、只在需的时间送到生产线称为准时制生产。它是为适应消费需要多样化、个性化而建立的生产体系以及为此生产体系服务的物流体系。

1. 准时制生产的意义

在生产系统中，任何两个相邻工序之间都是供需关系，按照传统的生产计划组织生产，物料根据预定的计划时间由需求方逐道工序流动，需求方将前一工序送来的物料进一步加工。需求方接受物料完全是被动的，物料可能提前或延误到达，延迟到达将使生产中断，提前到达导致库存量上升，占用过多的流动资金。因此，准时制生产是很重要的。

2. 准时制生产的目标

① 最大限度地降低库存，最终降为零库存。

② 最大限度地消除废品，追求零废品率。传统的生产管理认为一定数量的不合格产品是不可避免的，允许可以接受的质量水平。而准时制生产的目标是消除各种引起不合格品的因素，在加工过程中，每一道工序都力求达到最好水平。要最大限度地限制废品流动造成的损失，每一个需方都拒绝接受废品，让废品只能停留在供应方，不让其继续流动而损害以下的工序。

③ 实现最大的节约。多余的生产物资或产品不是财富，反而是一种浪费，因为它消耗材料和劳务，还要花费装卸搬运和仓储等物流费用。

第五章

焊接安装工程项目资源管理

第一节　概　　述

焊接安装项目资源管理即项目的各生产要素的管理，项目的生产要素通常是指投入安装项目的人力资源、材料、机械设备、技术和资金等诸要素，项目资源管理是完成焊接安装工程的重要手段，也是工程项目目标得以实现的重要保证。

项目资源管理的主体是以项目经理为首的项目经理部，管理的客体是与焊接安装项目相关的各生产要素。

一、焊接安装工程项目资源管理的内容

焊接安装工程项目资源管理的内容包括人力资源管理、材料管理、机械设备管理、技术管理和资金管理。

1. 人力资源管理

人力资源管理在项目整个资源管理中占有重要的地位。这里所指的人力资源是广义的人力资源，它包括管理层和操作层。只有加强了这两方面的管理，把他们的积极性充分调动起来，才能很好地去管理材料、设备、资金，把工程做好。

焊接安装工程项目人力资源管理的主要内容包括以下几方面。

① 人力资源的招收、录用、培训和调配。

② 科学合理地组织劳动力，节约使用劳动力。

③ 制定、实施、完善、稳定劳动定额和定员。

④ 改善劳动条件，保证职工在生产中的安全与健康。

⑤ 加强劳动纪律，开展劳动竞赛，提高劳动生产效率。

⑥ 对劳动者进行考核，以便对其进行奖惩。

2. 材料管理

材料管理就是对焊接项目安装过程中所需要的各种材料的计划、订购、运输、储备、发放和使用所进行的一系列组织与管理工作。做好这些物资管理工作，有利于企业合理使用和节约材料，加速资金周转，降低工程成本，增加企业的盈利，保证并提高焊接安装工程产品质量。

对焊接安装工程项目材料的管理主要是指根据材料计划对材料的采购、供应、保管和使用进行组织和管理，具体内容包括材料定额的制定管理，材料计划的编制，材料的库存管理、订货采购、组织运输、仓库管理、现场管理、成本管理等。

3. 机械设备管理

随着焊接安装项目的机械化水平不断提高，机械设备的数量、型号、种类不断增多，在

安装中所起的作用也越来越大，因此加强对施工机械设备的管理也越来越重要。

机械设备管理的主要内容包括机械设备的合理装备、选择、使用、维护和修理等。选择机械设备时，应进行技术和经济条件的对比和分析。

焊接安装工程项目安装过程中，应当正确、合理地使用机械设备，保持其良好的工作性能，减轻机械磨损，延长机械使用寿命。如机械设备出现磨损或损坏应及时修理。此外，还应注意机械设备的保养和更新。

4. 技术管理

技术管理是项目经理对所承包工程的各项技术活动和安装技术的各项内容进行计划、组织、指挥、协调和控制的总称，是对焊接安装工程的科学管理。

焊接安装工程的施工是一个复杂的多工种操作的综合过程，其技术管理所包含的内容也较多，其主要内容如下。

(1) 技术准备阶段　包括设计、图纸的熟悉审查及会审、设计交底、编制施工组织设计及技术交底。

(2) 技术开发活动　包括科学研究、技术改造、技术革新、新技术试验及技术培训等。

5. 资金管理

焊接安装企业在运作过程中离不开资金。抓好资金管理，把有限的资金运用到关键的地方，加快资金的流动，促进施工，降低成本。资金管理具有十分重要的意义。

二、项目资源管理的过程与程序

焊接安装工程项目资源管理的全过程包括项目资源的计划、配置、控制和处置。项目资源管理应遵循下列程序。

(1) 按合同要求，编制资源配置计划，确定投入资源的数量与时间。

(2) 根据资源配置计划，做好各种资源的供应工作。

(3) 根据各种资源的特殊性，采取科学的措施，进行有效组合，合理投入，动态调控。

(4) 对资源投入和使用情况进行定期分析，找出问题，总结经验并持续改进。

第二节　焊接安装工程项目资源管理计划

一、项目人力资源管理计划

为了完成安装任务，履行安装合同，保证焊接安装工程项目的安装进度、质量和安全，同时加强对人力资源的管理，应编制人力资源管理计划，按有关定额指标，根据工程项目的数量、质量和工期的需要合理安排人力资源的数量、素质和进场时间，争取做到科学合理，平衡协调。

1. 人力资源需求计划

确定焊接安装工程项目人力资源的需要量是人力资源管理计划的重要组成部分，它不仅决定人力资源的招聘、培训计划，而且直接影响其他管理计划的编制。

人力资源需求计划要紧紧围绕安装项目总进度计划的实施进行编制。安装过程可通过组织流水作业，去掉劳动力高峰及低谷，反复进行综合平衡，进而得出劳动力需要量计划。这个需要量计划反映了计划期内应调入、补充、调出的各种人员变动情况和变动时间。

① 由于工程量、劳动力投入量、持续时间、班次、劳动效率、每班工作时间之间存在

一定的关系，因此，在编制劳动力需要量计划时，要注意它们之间的相互调节。

② 在工程项目安装过程中，经常安排混合班组承担一些工作包任务，此时不仅要考虑整体劳动效率，还要考虑到设备能力和材料供应能力的制约以及与其他班组工作的协调。

③ 劳动力需要量计划中还应包括对现场其他人员的使用计划，如为劳动力服务的人员（医生、厨师、司机等）、工地警卫、工地管理人员等，可根据劳动力投入量计划按比例计算，或根据现场的实际需要安排。

2. 人力资源配置计划

项目的人力资源配置包括人力资源的合理选择、供应和使用。项目的人力资源配置来源既包括市场资源，也包括企业内部资源。

焊接安装工程项目人力资源配置计划应根据组织发展计划和组织工作方案，结合人力资源核查报告进行制定。人力资源配置计划阐述了单位每个职位的人员数量、人员的职务变动、职务空缺数量的补充办法等。

(1) 焊接安装工程项目人力资源配置计划编制的依据如下。

① 人力资源配备计划。阐述人力资源在何时以何种方式加入和离开项目安装现场。人员计划可能是正式的，也可能是非正式的；可能是十分详细的，也可能是框架型的。

② 资源库说明。可供项目使用的人力资源情况。

③ 制约因素。从外部获取人力资源时的招聘惯例、原则和程序。

(2) 焊接安装工程项目人力资源配置计划编制的内容如下。

① 研究制定合理的工作制度与工作班次，根据项目类型和生产过程特点提出工作时间、工作制度和工作班次方案。

② 研究员工配置数量，根据精简、高效的原则和劳动定额，提出配备各岗位所需人员的数量，优化人员配置。

③ 研究确定各类人员应具备的劳动技能和文化素质。

④ 研究测算职工工资和福利费用。

⑤ 研究测算劳动生产率。

⑥ 研究提出员工选聘方案，特别是高层次管理人员和技术人员的来源和选聘方案。

(3) 焊接安装工程项目人力资源配置计划编制的方法如下。

① 按设备计算人员，即根据机器设备的数量、工人操作设备定额和生产班次等计算生产定员数目。

② 按劳动定额定员，即根据工作量或生产任务量，按劳动定额计算生产定员人数。

③ 按岗位计算定员，即根据设备操作岗位和每个岗位需要的工人数计算生产定员人数。

④ 按比例计算定员，即按服务人员数量占职工总数或者生产人员数量的比例计算所需服务人员的数量。

⑤ 按劳动效率计算定员，即根据生产任务和生产人员的劳动效率计算生产定员人数。

⑥ 按组织机构职责范围、业务分工计算管理人员的人数。

3. 人力资源培训计划

人力资源培训计划是人力资源管理计划的重要组成部分。按培训对象的不同可分为工人培训计划、管理人员培训计划、技术人员培训计划等；按计划时间长短的不同则又可分为中长期计划（规划）、短期计划。还可按培训的内容进行分类。

焊接安装工程项目人力资源培训计划的内容应包括培训对象、培训目标、培训方式、培训时间、各种形式的培训人数、培训经费、师资保证等。

二、项目材料管理计划

项目材料管理计划是对焊接安装工程项目所需材料的预测、部署和安排，是指导与组织安装项目材料的采购、运输、加工、储备和供应的依据，是降低成本、加速资金周转、节约资金的一个重要因素，对促进生产具有十分重要的作用。

（一）材料需求计划

材料需求计划是根据工程项目设计文件及施工组织设计编制的，反映完成安装项目所需的各种材料的品种、规格、数量和时间要求。

材料需求计划一般包括整个工程项目的需求计划和各计划期的需求计划。准确确定材料需要量是编制材料计划的关键，它反映整个焊接安装项目及各分部、分项工程材料的需用量，也称安装项目材料分析。

材料需求计划是编制其他各类材料计划的基础，是控制供应量和供应时间的依据。由于材料往往不是一次性采购齐的，需分期分次进行，因此，材料需用计划也相应分为材料总需求量计划和材料计划期（季、月）需求计划。

1. 材料总需求计划的编制

（1）编制依据 主要依据是项目设计文件、项目投标书中的材料汇总表、项目施工组织设计、当期物资市场采购价格及有关材料消耗定额等。

（2）编制步骤 计划的编制步骤大致可分为四步，具体如下。

① 了解工程投标书中本项目的材料汇总表。

② 查看经主管领导审批的项目施工组织设计，了解工程工期安排和机械使用计划。

③ 根据企业资源和库存情况，对工程所需物资的供应进行策划，确定采购或租赁的范围。根据企业和地方主管部门的有关规定确定供应方式（招标或非招标，采购或租赁）。了解市场价格情况。

④ 根据表 5-1 编制材料总需求计划表。

表 5-1 单位工程物质总需求计划表

项目名称： 单位：元

序号	材料名称	规格	单位	数量	单价	金额	供应单位	供应方式

制表： 审核： 审批： 制表时间：

2. 材料计划期（季、月）需求计划的编制

按计划期的长短，材料需要计划可分为年度、季度和月度计划，相应的计划期计划也应

有三种，但以季度、月度计划应用较为常见，故计划期需用计划一般多指季度或月度材料需用计划。

（1）编制依据　计划期材料需求计划主要用来组织本计划期（季、月）内材料的采购、订货和供应等，其编制依据主要是安装项目的材料总需求计划、企业年度方针目标、项目施工组织设计和年度安装计划、企业现行材料消耗定额、计划期内安装进度计划等。

（2）确定计划期材料需用量　通常用以下两种方法。

① 定额计算法：根据安装进度计划各分部、分项工程量获取相应的材料消耗定额，求得各分部、分项的材料需用量，然后再汇总，求得计划期各种材料的总需求量。

② 卡段法：根据计划期安装进度的形象部位，从安装项目材料总需求计划中摘出与施工进度相应部分的材料需求量，汇总求得计划期各种材料的总需求量。

（3）编制步骤　其具体步骤如下。

① 了解企业年度方针目标和本项目全年计划目标。

② 了解工程的年度安装计划。

③ 根据市场行情，套用企业现行定额，编制年度计划。

④ 根据表 5-2 编制材料备料计划。

表 5-2　物资备料计划

项目名称：　　　　　　　　　计划编号：　　年　　月　　编制依据：第　页　共　页

序号	材料名称	型号	规格	单位	数量	质量标准	备注

制表：　　　　　　　审核：　　　　　　　　审批：

（二）材料使用计划

材料使用计划即各类材料的实际进场计划，是项目材料管理部门组织材料采购、加工订货、运输、库存等材料管理工作的行动指南，是根据安装进度和材料的现场加工周期所提出的最晚进场计划。

焊接安装工程项目材料使用计划的编制，要注意从数量、品种、时间等方面进行平衡，以达到配套供应、均衡施工。计划中要明确物质的类别、名称、品种（型号）规格、数量、进场时间、交货地点、验收人、编制日期、编制依据、送达日期、编制人、审核人、审批人。

在材料使用计划执行过程中，应定期或不定期地进行检查。主要内容是供应计划落实的情况、材料采购情况、订购合同执行情况、主要材料的消耗情况、主要材料的储备及周转情况等，以便及时发现问题并及时处理解决。

材料使用计划的表格形式见表 5-3。

（三）分阶段材料计划

大型、复杂、工期长的项目要采用分段编制的方法，针对不同阶段、不同时期提出相应的分阶段材料需求、使用计划，以保持安装项目的顺利实施。

1. 年度材料计划

表 5-3　材料使用计划

编制单位：　　　　　　　工程名称：　　　　　　　编制日期：

材料名称	规格型号	计量单位	期初预计库存	计划需要用量				期末库存量	计划供应量					供应时间			
				合计	其中				合计	市场采购	挖潜代用	加工自制	其他	第一次	第二次	第三次	第四次
					工程用料	周转材料	其他										

制表：　　　　　　　　　审核：　　　　　　　　　审批：

　　年度材料计划是各项目材料工作的全面计划，是全面指导供应工作的主要依据。在实际工作中，由于材料计划编制在前，安装计划安排在后，因此，在计划执行过程中要根据安装情况的变化，注意对材料年度计划的调整。

　　2. 季度材料计划

　　季度材料计划是年度材料计划的具体化，也是为适应情况变化而编制的一种平衡调整计划。

　　3. 月度材料计划

　　月度材料计划是基层单位根据当月安装进度安排编制的需用材料计划。它比年度、季度计划更细致，内容更全面。

三、焊接安装工程项目机械设备管理计划

　　1. 机械设备需求计划

　　安装机械设备需求计划主要用于确定安装机械设备的类型、数量、进场时间，可据此落实安装机械设备来源，组织进场。其编制方法为将工程安装进度计划表中的每一个安装过程每天所需的机具设备类型、数量和施工日期进行汇总，即得出施工机具设备需要量计划。

　　2. 机械设备使用计划

　　项目经理部应根据工程需要编制机械设备使用计划，报有关职能部门审批，其编制依据是工程施工组织设计。施工组织设计包括工程的安装方案、方法措施等。同样的工程采用不同的安装方法、生产工艺及技术安全措施，选配的机械设备也不同，因此编制施工组织设计应在考虑合理的安装方法、工艺、技术安全措施的同时，考虑用何种设备去组织生产，才能最合理、最有效地保证工期和质量，降低生产成本。

　　焊接安装工程项目机械设备使用计划一般由项目经理部机械管理员或施工准备员负责编制。中、小型设备机械一般由项目经理部主管经理审批。大型设备经主管项目经理审批后，报有关职能部门审批，方可实施运作。租赁大型起重机械设备，主要考虑机械设备配置的合理性（是否符合使用、安全要求）以及是否符合资质要求（包括租赁企业、安装设备组织的资质要求，设备本身在本地区的注册情况及年检情况、操作设备人员的资格情况等）。

　　3. 机械设备保养计划

　　机械设备保养的目的是为了保持机械设备的良好技术状态，提高设备运转的可靠性和安全性，减少零件的磨损，延长使用寿命，降低消耗，提高经济效益。机械设备保养分为例行保养和强制保养两种。

机械设备的修理是对机械设备的自然损耗进行修复，排除机械运动的故障，对损坏的零件进行更换、修复，可以保证机械的使用效率，延长使用寿命。

四、焊接安装工程项目技术管理计划

焊接安装工程项目技术管理计划应包括技术开发计划、设计技术计划和工艺技术计划。其中设计技术计划主要涉及技术方案的确立、设计文件的形成以及有关指导意见和措施的计划。

五、焊接安装工程项目资金管理计划

1. 项目资金流动计划

项目资金流动包括项目资金的收入与支出。项目资金流动计划即项目收入与支出计划是项目资金管理的重要内容，要做到收入有规定、支出有计划，追加按程序，做到在计划范围内一切开支有审批，主要工料大宗支出有合同，从而使项目资金保持在受控制状态。

（1）资金支出计划　对承包商来说，项目的费用支出和收入通常在时间上不平衡，对于付款条件苛刻的项目，承包商通常要垫资承包。

工程计划是各工程活动的时间安排，由此确定的成本计划是在工程上按照计划进度确定的成本消耗。但实际上，承包商对工程的资金支出与这个成本计划并不同步，例如，合同签订好后即可进行施工准备，如调遣队伍、培训人员、调运设备和周转材料、搭设施工设备、布置现场等，并为此支付一定费用。而这些费用作为工地管理费、人工费、材料费、机械费等分摊在工程报价中，在以后工程进度款中收回，有时也可作为工程开办费预先收取。

承包商工程项目的支付计划包括人工费支付计划、材料费支付计划、设备费支付计划、分包工程款支付计划、现场管理费支付计划和其他费用计划，如上级管理费、保险费、利息等各种其他开支。

（2）工程款收入计划　它与工程进度（即按照成本计划确定的工程完成状况）合同确定的付款方式有关。

① 在合同签订后，工程正式施工前，项目发包方可以根据合同中规定的工程预付款（备料款、准备金），事先支付一笔款项，让承包商做施工准备，而这笔款项可在以后工程进度款中按一定比例扣除。

② 按月进度收款。根据合同规定，工程款可以按月进度进行收取，即在每月月末将该月实际完成的分项工程量按合同规定进行结算，即可得出当月的工程款。但实际上，这笔工程款一般要在第二个月，甚至是第三个月才能收取。

③ 按工程形象进度分阶段收取。工程项目一般可分为开工、某单体项目完成、竣工等几个阶段，工程款可以按阶段进行收取。

④ 工程完工后收取。由于项目发包方未提供资金，事先由承包商垫资，工程款可在工程完工后收取，通常情况下，工程款是由工程本身的直接收益构成的。

焊接安装工程项目财务用款计划见表5-4。

表5-4　部门财务用款计划表

用款部门：　　　　　　　　　　　　　　　　　　　　　　　　　　　　单位：元

支出内容	计划金额	审批金额
合　　计		

项目经理：　　　　　　　　　　　　　　　　　　　　　　　用款部门负责人：

2. 年、季、月度资金管理计划

项目经理部应编制年、季、月进度资金管理收支计划，有条件的可以考虑编制旬、周、日的资金管理（收支）计划，上报组织主管部门审批实施。

年度资金管理（收支）计划的编制，要根据安装合同工程款支付的条款和年度生产计划安排，预测年内可能达到的资金收入，参照安装方案，安排工料机费用等资金阶段收入，做好收入与支出在时间上的平衡。编制年度资金计划，主要是摸清工程款到位情况，预算筹集资金的额度，安排资金分期支付，平衡资金，确立年度资金管理工作总体安排。这对保证工程项目顺利安装，保证充分的经济支付能力，稳定队伍、提高生活，完成各项税收费基金的上缴是十分重要的。

季、月度资金管理（收入）计划的编制是年度资金收支计划的落实和调整，要结合生产计划的变化，制定好季、月度资金收支计划。特别是月度资金收支计划，要以收定支，量入为出，根据安装月度作业计划，计算出主要工、料、机费用及分项收入，结合材料月末库存，由项目经理部各用款部门分别编制材料、人工、机械、管理费用及分包单位支出等分项用款计划，报项目财务部门汇总平衡。汇总平衡后，由项目经理主持召开计划平衡会，确定整个部门用款数，经平衡确定的资金收支计划报公司审批后，项目经理部将其作为执行依据，组织实施。

第三节　焊接安装工程项目资源管理控制

一、焊接安装工程项目人力资源管理控制

1. 人力资源的选择

人力资源的选择需要根据项目要求确定人力资源的性质数量标准，根据组织中工作岗位的要求，提出人员补充计划，对有资格的求职人员提供均等的机会，根据岗位要求和条件允许来确定合适人选。

2. 订立劳务分包合同

（1）劳务分包合同的形式　一般可分为以下两种：按安装预算或招标价承包，按安装预算中的清工承包。

（2）劳务分包合同的内容　应包括工程名称、工作内容及范围、提供劳务人员的数量、合同工期、合同价款及确定原则、合同价款的结算和支付、安全施工、重大伤亡及其他安全事故处理、工程质量、验收与保修、工期延误、文明施工、材料机具供应、文物保护、发包人与承包人的权利和义务、违约责任等。

3. 人力资源的培训

人力资源的培训主要是指对拟使用的人力资源进行岗前教育和业务培训。人力资源培训的内容包括管理人员的培训和工人的培训。

（1）管理人员的培训

① 岗位培训。本着干什么学什么、缺什么补什么的原则进行的培训活动。其目的在于提高职工的本职工作能力，使其成为合格的劳动者，并根据生产发展和技术进步的需要不断提高其适应能力。

② 继续教育。对具有某种程度学历以及某级别以上职务的管理人员进行继续教育。

③ 学历教育。

（2）工人的培训

① 班组长培训。按照本企业制定的班组长岗位规范，对班组长进行培训。

② 技术工人等级培训。按照有关技术岗位评聘条例，开展中、高级工人应知应会考评工人技师的评聘。

③ 特种作业人员培训。根据国家有关特种作业人员必须单独培训、持证上岗的规定，对从事电工、焊工、塔式起重机驾驶员等工种的特种作业人员进行培训，保证100%持证上岗。

二、焊接安装工程项目材料管理控制

焊接安装工程项目材料管理控制应包括供应单位的选择、订立采购供应合同、出厂或进场验收、储存管理、使用管理及不合格品处置等。

1. 供应单位的选择

材料供应单位应当是设备齐全，生产能力强，技术经验丰富，具有一定生产规模，建立有质量保证体系并运行正常的企业。

选择和确定供应单位的方法如下。

① 经验判断法。

② 采购成本比较法。

③ 采购招标法。

在选择和确定材料供应单位时应对其进行必要的评定。应对单位的能力和产品质量体系进行实地考察，对所需产品样品进行综合评定，并了解其他使用者的使用效果。

2. 材料出厂或进场验收

（1）单据验收　主要查看材料是否有国家强制性产品认证书、材质证明、装箱单、发货单、合格证等。

（2）数量验收　主要是核对进场材料的数量与单据量是否一致。

（3）质量验收　常包括内在质量和环境质量。

3. 储存管理

① 入库的材料应按型号、品种分区堆放，并分别编号、标识。

② 易燃易爆的材料专门存放、专人负责保管，并有严格的防火、防爆措施。

③ 有防湿、防潮要求的材料应采取防湿、防潮措施，并做好标识。

④ 有保质期的库存材料应定期检查，防止过期，并做好标识。

⑤ 易损坏的材料应通过包装来提供适当的保护，防止损坏。

4. 使用管理

（1）材料领发　现场材料领发包括两个方面，即材料领发和材料耗用。控制材料的领发，监督材料的耗用，是实现工程节约、防止超耗的重要保证。材料领发步骤如下。

① 发放准备。

② 核对凭证。

③ 备料。

④ 复核。

⑤ 点交。

（2）限额领料　限额领料程序如下。

① 签发限额领料单。

② 下达。

③ 应用。

④ 检查。

⑤ 验收。

⑥ 结算与分析。

5. 不合格品处理

验收质量不合格，不能点收时可以拒收，并及时通知上级供应部门（或供货单位）。

三、焊接安装工程项目机械设备管理控制

机械设备管理控制包括机械设备购置与租赁管理、使用管理、操作人员管理、报废和出场管理等。焊接安装工程项目机械设备管理控制的任务主要包括：正确选择机械，保证机械设备在使用中处于良好状态，减少机械设备闲置、损坏，提高机械设备使用效率及产出水平，机械设备的维护和保养。

1. 机械设备购置管理

在选择机械设备时，应本着切合需要、实际可行、经济合理的原则。

2. 机械设备租赁管理

机械设备租赁即企业利用社会机械设备资源装备自身，可迅速提高形象，增强安装能力。其租赁形式有内部租赁和社会租赁两种，其中社会租赁分为资金性租赁和服务性租赁两种方式。

3. 机械设备使用管理

焊接安装工程施工机具使用管理要求如下。

（1）施工机具的进场控制

① 施工机具应按施工组织设计的施工机具进场计划按时按量进场。

② 进场的施工机具要由专业人员、操作人员、机管员共同验证其完好性。

③ 进场的施工机具若在功能上不能满足施工需要，应由专管人员组织维修或退换。

④ 重要的、价值高的施工机具应在项目经理部由专管人员建立使用、维护、维修档案。

（2）施工机具的调度管理　机具的调进、调出应由责任人员做好调度前的机具鉴定、使用建议、进退场交接工作。大型、价值高的机具的调度要注意机具的安装、运输、吊装等有关事项。

4. 机械设备操作人员管理

① 项目应建立健全设备安全使用岗位责任制。

② 项目要建立健全设备安全检查、监督制度。

③ 设备操作和维护人员要严格遵守安装机械使用安全技术规程。

四、焊接安装工程项目技术管理控制

技术管理控制包括技术开发管理，新产品、新材料、新工艺的应用管理，安装组织设计管理，技术档案管理，测试仪器管理等。

1. 新产品、新材料、新工艺的应用管理

应有权威的技术检验部门出具的技术性能的鉴定书，制定出质量标准以及操作规程后才能在工程上使用，加大推广力度。

2. 安装组织设计管理

安装组织设计是企业实现科学管理，提高施工水平和保证工程质量的主要手段，也是贯

彻设计、规范、规程等技术标准组织施工，纠正施工盲目性的有力措施。

3. 技术档案管理

技术档案管理是按照一定的原则、要求，经过移交、归档、整理，保管起来的技术文件材料。

五、焊接安装工程项目资金管理控制

项目资金管理控制应以保证收入、节约支出、防范风险和提高经济效益为目的，应在财务部门设立项目专用账号进行资金收支预测，统一对外收支与结算。项目资金管理控制应包括资金收入与支出管理、资金使用成本管理、资金风险管理。

焊接安装工程项目资金管理控制应符合以下要求。

① 在项目资金收入与支出管理过程中，应以项目经理为理财中心划定资金的管理办法，以"哪个项目的资金主要由哪个项目支配"为原则。

② 项目经理按月编制资金收支计划，由公司财务及总会计师批准，内部银行监督执行，并每月都要分析总结。企业内部银行可实行"有偿使用"、"存款计息"、"定额考核"等办法，当项目资金不足时，可由内部银行协调解决。

③ 项目经理部可在企业内部银行开独立账户，由内部银行办理项目资金的收、支、划、转，并由项目经理签字确认。

④ 项目经理部可按用款计划控制项目资金使用，以收定支，节约开支，并应按规定设立财务台账记录资金支付情况，加强财务核算，及时盘点盈亏。

⑤ 项目经理部要及时向发包方收取工程款，做好分期预算、增（减）账结算、竣工结算等工作，加快资金入账的步伐，不断提高资金管理水平和效益。

⑥ 建设单位所提供的"三材"和设备也是项目资金的重要组成部分，经理部要设置台账，根据收料凭证及时入账，按月分析使用情况，反映"三材"收入及耗用动态，定期与交料单位核对，保证资料完整、准确，为及时做好各项结算创造先决条件。

⑦ 项目经理部应每月定期召开请项目发包方代表参加的分包商、供应商、生产商等单位的协调会，以便更好地处理配合关系，解决项目发包方提供资金、材料以及项目向分包、供应商支付工程款等事宜。

⑧ 项目经理部应坚持做好项目资金分析，进行计划收支与实际收支对比，找出差异，分析原因，改进资金管理。项目竣工后，结合成本核算与分析进行资金收支情况和经济效益总分析，上报企业财务主管部门备案。

第四节　焊接安装工程项目经理责任制

一、概述

（一）焊接安装工程项目经理责任制的概念

项目经理责任制是以工程项目为对象，以项目经理全面负责为前提，以项目目标责任为依据，以创优质工程为目标，以求得项目成果的最佳经济效益为目的，项目经理实行的一次性、全过程的管理。即以项目经理为责任主体的工程项目管理目标责任制度，用以确保项目履约，并确立项目经理部与企业、职工三者之间的责、权、利关系。

（二）项目经理责任制的作用

项目经理责任制在项目管理中具有很大的作用，具体如下。

① 明确项目经理与企业和职工三者之间的责、权、利、效关系。

② 有利于运用经济手段强化对安装项目的法制管理。

③ 有利于项目规范化、科学化管理和提高产品质量。

④ 有利于促进和提高企业项目管理的经济效益和社会效益。

（三）项目经理责任制的主体

项目管理由项目经理个人全面负责，项目管理班子集体全员管理。安装工程项目管理的成功，必然是整个项目班子分工负责团结协作的结果，但是由于责任不同，承担的风险也不同，项目经理承担责任最大。所以，项目经理责任制的主体必然是项目经理。项目经理责任制的重点在于管理。

（四）项目经理责任制的实施

1. 项目经理责任制实施的条件

焊接安装工程项目经理责任制的实施需要具备以下条件。

① 项目任务落实，开工手续齐全，具有切实可行的项目管理规划大纲或施工组织设计。

② 组织了一个高效精干的项目管理班子。

③ 各种工程技术资料、施工图纸、劳动力分配、施工机械设备、各种主要材料等能按计划供应。

④ 建立企业业务工作系统化管理，使企业具有为项目建立提供人力资源、材料、资金、设备及生活设施等各项服务的功能。

2. 项目经理责任制实施的重点

焊接安装工程施工企业项目经理责任制的实施，应着重抓好以下几点。

① 明确项目经理的责任，并对其责任具体化、制度化。

② 明确项目经理的管理权力，并在企业中具体落实，形成制度，确保责权一致。

③ 必须明确项目经理与企业法定代表人是代理与被代理的关系。项目经理必须在企业法定代表人授权范围、内容和时间内行使职权，不得越权。为了保证项目管理目标的实现，项目经理应有权组织指挥本工程项目的生产经营活动，调配并管理进入工程项目的人力、资金、物质、设备等生产要素；有权决定项目内部的具体分配方案和分配形式；受企业法定代表人委托，有权处理与本项目有关的外部关系，并签署有关合同。

④ 项目经理承包责任制应是项目经理责任制的一种主要形式，是指在工程项目建设过程中，用以确立项目承包者与企业、职工三者之间责、权、利关系的一种管理手段和方法。它以工程项目为对象，以项目经理负责为前提，以施工图预算为依据，以创优质工程为目标，以承包合同为纽带，以求得最终产品的最佳经济效益为目的，由项目经理实行从工程项目开工到竣工交付使用的一次性、全过程施工承包管理。

二、焊接安装工程项目经理

（一）项目经理的性质

焊接安装工程的项目经理是指受企业法定代表人委托，对焊接工程项目安装过程全面负责的项目管理者，是焊接安装企业法定代表人在工程项目上的代理人。项目经理岗位是保证工程项目建设质量、安全、工期的重要岗位，因此要坚持落实项目经理岗位责任制。

（二）项目经理的地位及作用

项目经理是工程项目的核心，在焊接安装工程过程中占有举足轻重的地位。项目经理是焊接项目安装企业法定代表人在项目上的代理人，一般情况下企业经理不会直接对每个建筑单位负责，而是由工程项目经理在授权范围内对建设单位直接负责。此外，项目经理是工程项目全过程所有工作的主要负责人、企业项目承包责任者、项目动态管理的体现者、项目生产要素合理投入和优化组合的组织者。

项目经理在焊接安装工程施工企业中的作用主要表现在以下几个方面。

① 确定本安装工程目标并组织实施。

② 建立精干高效的经营管理机构，并适应形势与环境的变化及时进行调整。

③ 确定科学的项目管理制度并严格执行。

④ 合理配置资源，将项目资金同其他生产要素有效地结合起来，使各种资源都充分发挥作用，创造更多利润。

⑤ 协调各方面的利益关系，包括投资者、劳动者和社会各方面的利益关系，调动各方面的积极性，实现企业总体目标。

⑥ 造就人才，培训职工，公平合理地选拔人才、使用人才，使员工各尽所能。

⑦ 采取多种措施不断创新，不断更新企业的机构、技术、管理和产品（服务）。

（三）项目经理的基本条件

焊接安装工程项目经理是工程项目目标的全面实现者，既要对建设单位的成果性目标负责，又要对施工企业的效率性目标负责，必须具备以下基本条件。

① 项目经理是焊接安装项目承包企业法人代表在项目上的全权委托代理人。从企业内部看，项目经理是焊接安装项目全过程所有工作的总负责人，是项目的总责任者，是项目动态管理的体现者，是项目生产要素合理投入和优化组合的组织者。从对外方面看，作为企业法人代表的企业经理，不直接对每个建设单位负责，而是由项目经理在授权范围内对建设单位直接负责。

② 项目经理是协调各方面关系，使之相互紧密协作、配合的桥梁和纽带。项目经理对项目管理目标的实现承担全部责任，包括执行合同条款、处理各种纠纷、受法律的约束和保护。

③ 项目经理对项目实施进行控制，是各种信息的集散中心。所有信息通过各种渠道汇集到项目经理，项目经理又通过指令、计划，对下、对外发布信息，达到控制的目的，使项目管理取得成功。

④ 项目经理是安装项目责、权、利的主体。项目经理是项目总体的组织管理者，是项目中人、财、物、技术、信息和管理等所有生产要素的组织管理人。项目经理不同于技术、财务等专业的总责任人，必须把组织管理职责放在首位。首先，项目经理必须是项目的责任主体，是实现项目目标的最高责任者，而且目标的实现还应该不超出限定的资源条件。责任是实施项目经理责任制的核心，它构成了项目经理工作的压力和动力，是确定项目经理权利和利益的依据。其次，项目经理必须是项目权力的主体，权力是确保项目经理承担责任的条件与手段，权力的范围必须视项目经理责任要求而定，如果没有必要的权力，项目经理就无法对工作负责。最后，项目经理必须是项目的利益主体。利益是项目经理工作的动力，是项目经理尽到相应的责任后应得到的报酬，利益的形式及利益的多少应该视项目经理的责任而定。

（四）项目经理的素质要求

1. 政治素质

项目经理是焊接安装工程施工企业的重要管理者，应具备较高的政治素质：思想觉悟高、政治观念强，在项目管理中能认真执行党和国家的方针、政策，遵守国家的法律和地方法规，实行上级主管部门的有关决定，自觉维护国家的利益，保护国家财产，正确处理国家、企业和职工三者的利益关系。

2. 领导素质

项目经理是一名领导者，应具有较高的组织和领导工作能力，应满足下列要求。

① 博学多识，通情达理　即具有现代管理、科学技术、心理学等基础知识，见多识广，眼界开阔，通人情，达事理。

② 多谋善断，灵活机变　即具有独立解决问题和与外界洽谈业务的能力，办法多，善于选择最佳的办法，能当机立断地去实行。当情况发生变化时，能够随机应变地追踪决策，见机处理。

③ 知人善认，善与人同　即要知人长短，用其所长，避其所短，尊贤爱才，大公无私，不任人唯资，不任人为顺，不任人唯全。宽容大度，与人求同存异，与大家同心同德。与下属分享荣誉与利益，劳苦在先，享受在后，关心别人胜过关心自己。

④ 公道正直，以身作则　即要求下属的自己首先做到，定下的制度、纪律自己首先遵守。

⑤ 铁面无私，赏罚分明　即对被领导者赏功罚过，赏要从严，罚要谨慎，以此建立管理权威，提高管理效率。

⑥ 哲学素养方面　项目经理必须有讲求效率的时间观，有取得人际关系主动权的思维观，有处理问题注意目标和方向、构成因素、相互关系的系统观。

3. 知识素质

项目经理应懂得焊接安装工程施工技术知识、经营管理知识和法律知识，了解项目管理的基本知识，懂得工程项目的规律。具有较强的决策能力、组织能力、指挥能力、应变能力，能够团结广大员工。同时，还应在建设部认定的培训单位进行过专门的学习，并取得培训合格证书。

4. 实践经验

每个项目经理必须具有一定的焊接安装工程施工实践经历，并按规定经过一段实际锻炼。只有具备了实践经验，项目经理才能灵活处理各种实际问题。

5. 身体素质

由于焊接安装工程项目经理不但要担当繁重的工作，而且工作条件和生活条件都因现场性强而比较艰苦，因此，项目经理必须年富力强，具有健康的身体，以便保持充分的精力和旺盛的斗志。

（五）项目经理的工作内容

1. 项目经理的基本工作

焊接安装工程项目经理的基本工作主要包括以下内容。

（1）规划工程项目管理目标　安装单位项目经理所要规划的是该项目安装的最终目标，即增加或提供一定的生产能力或使用价值，形成固定资产。这个总目标包括投资控制目标、设计控制目标、安装控制目标、时间控制目标等。作为安装单位项目经理则应当组织项目管理成员对目标系统做出详细规划，进行目标管理。

（2）制定规范　基础工作就是建立合理而有效的项目管理组织机构及制定重要规章制度，从而保证规划目标的实现。规章制度必须符合现代化管理基本原理，必须面向全体职工，以利于推进规划目标的实现。规章制度绝大多数由项目管理成员或执行机构制定，项目经理给予审批、监督和效果考核。项目经理亲自主持制定的制度包括岗位责任制和奖罚制度。

（3）选用人才　项目经理必须慎重选择项目管理成员及主要的业务人员。项目经理在选人时，坚持"用最少的人干最多的事"的基本效率原则，要选得其才，用其所能。

2. 项目经理的日常工作

焊接安装工程项目经理的日常工作主要包括以下内容。

（1）决策　对重大决策必须按照完整的科学方法进行，项目经理不需要包揽一切决策，只有两种情况要做出及时明确的决断：一是出现了例外性事件，例如特别的合同变更，对某种特殊材料的购买，领导重要指示的执行决策等；二是下级请示的重大问题，即涉及项目目标的全局性问题，项目经理要及时做出决断。决策要及时、明确。

（2）联系群众　项目经理必须密切联系群众，经常深入群众生活，这样才能体察下级情况，发现问题，便于开展领导工作。要帮助群众解决问题，把关键工作做在最恰当的时候。

（3）实施合同　对合同中各项目标的实现进行有效的协调与控制，协调各种关系，组织全体职工实现工期、质量、成本、安全、文明施工目标，提高经济利益。

（4）学习　项目经理必须学习现代生产、科学技术、经营管理的最新成就，在工作中学习。项目经理必须不断抛弃老化的知识，学习新知识、新思想和新方法。要跟上改革的形势，推进管理改革，使各项管理与国际惯例接轨。

三、焊接安装工程项目管理目标责任书

（一）项目管理目标责任书的含义

项目管理目标责任体系的建立是实现项目经理责任制的重要内容，项目经理之所以能对工程项目承担责任，就是有自上而下的目标管理和岗位责任制作基础。一个项目实施前，项目经理要与企业管理层就工程项目全过程管理签订"项目管理目标责任书"，项目管理目标责任书是规定项目经理部达到的成本、质量、进度、安全和环境等管理目标及其承担的责任的文件，也是项目经理的任职目标，具有很强的约束性。

（二）项目管理目标责任书的依据

焊接安装工程项目管理目标责任书的编制应依据下列资料。

① 项目的合同文件。

② 组织的项目管理制度。

③ 项目管理规划大纲。

④ 组织的经营方针和目标。

（三）项目管理目标责任书的内容

焊接安装工程项目管理责任书的内容如下。

① 项目的进度、质量、成本、职业健康安全与环境目标。

② 组织与项目经理部之间的责任、权限和利益分配。

③ 项目需用资源的供应方式。

④ 法定代表人向项目经理委托的特殊事项。

⑤ 项目经理部应承担的风险。

⑥ 项目管理目标评价的原则、内容和方法。

⑦ 对项目经理部进行奖惩的依据、标准和方法。

⑧ 项目经理解职和项目经理部解体的条件及方法。

（四）项目管理目标责任书的确定原则

确定焊接安装工程项目管理目标应遵循下列原则。

① 满足合同的要求。

② 考虑相关的风险。

③ 具有可操作性。

④ 便于考核。

（五）项目管理目标责任书的考核

焊接安装工程施工企业管理层应对项目管理目标责任书的完成情况进行考核，根据考核结果和项目管理目标责任书的奖惩规定提出奖惩意见，对项目经理部进行奖励或处罚。

1. 项目管理目标责任书考核的指标及内容

（1）考核的定量指标　包括工程质量等级、工程成本降低率、工期及提前工期率。

（2）考核的定性指标　包括执行企业各项制度的情况，项目管理资料的收集整理情况，思想工作方法与效果，甲方（项目发包方）及用户的评价，在项目管理中应用的新技术、新材料、新配方、新工艺以及在项目管理中采用的现代管理方法和手段等。

（3）考核的内容　项目管理目标责任书考核评价的对象是项目经理部，其中应重点对项目经理管理工作进行考核评价。

焊接安装工程项目经理部是企业内部相对独立的生产经营管理实体，其工作的目标就是确保提高经济效益和社会效益。考核内容主要围绕"两个效益"全面考核，并与单位工资总额和个人收入挂钩。工期、质量、成本、安全等指标要单项考核，奖罚和单位工资总额挂钩浮动。

2. 项目管理目标责任考核的程序

焊接安装工程项目管理责任书的考核应按以下程序进行。

① 制定考核评价方案，经企业法定代表人审核后施行。

② 听取项目经理部汇报，查看项目经理部的有关资料，对施工项目的管理层和作业层进行调整。

③ 考察已完工程。

④ 对项目管理的实际运行水平进行评价考核。

⑤ 提出考核评价报告。

⑥ 向被考核评价的项目经理部公布评价意见。

3. 项目管理目标责任书考核的方法

① 企业成立专门的考核领导小组，由主管生产经营的领导负责，"三总师"（总工程师、总会计师、总经济师）及各生产经营管理部门领导参加，日常工作由公司经营管理部门负责。考核领导小组对整个考核结果审核并讨论通过，对个别特殊问题进行研究商定，最后报请企业经理办公会决定。

② 确定考核周期。每月由经营管理部门按统计报表和文件规定进行政审性考核；季度内考核按纵横考评结果和经济效果综合考核，预算工资总额，确定管理人员岗位效益工资档次；年末全面考核，进行工资总额结算和人员最终奖罚兑现。

四、项目经理的责、权、利

1. 项目经理的职责

项目经理在承担焊接工程项目安装管理过程中应履行下列职责。

① 贯彻执行国家和工程所在地政府的有关法律、法规和政策，执行企业的各项管理制度。

② 严格遵守财务制度，加强财经管理，正确处理国家、企业与个人的利益关系。

③ 执行项目承包合同中由项目经理负责履行的各项条款。

④ 对工程项目安装进行有效控制，执行有关技术规范和标准，积极推广应用新技术，确保工程质量和工期，实现安全、文明生产，努力提高经济效益。

2. 项目经理的权力

项目经理在承担工程项目安装的管理工程中，应当按照安装企业与建设单位签订的工程承包合同，与本企业法定代表人签订项目承包合同，并在企业法定代表人授权范围内，行使以下管理权力。

① 组织项目管理成员。

② 以企业法定代表人的代理人身份处理与所承担的工程项目有关的外部关系，受委托签署有关合同。

③ 指挥工程项目建设的生产经营活动，调配并管理进入工程项目的人力、资金、物资、机械设备等生产要素。

④ 选择施工作业队伍。

⑤ 进行合理的经济分配。

⑥ 企业法定代表人授予的其他管理权力。

3. 项目经理的利益与奖罚

项目经理最终的利益是项目经理行使权力和承担责任的结果，也是商品经济条件下责、权、利相互统一的具体体现。利益可分为两大类：一是物资兑现，二是精神奖励。

项目经理按规定标准享受岗位效益工资和月度奖金（奖金暂不发），年终各项指标和整个工程项目都达到承包合同（责任状）指标要求的，按合同奖罚条例一次性兑现，其年度奖励可为风险抵押金额的2～3倍。项目终审盈余时可按利润超额比例提成予以奖励。具体分配方法根据各部门、各地区、各企业有关规定执行。整个工程项目竣工综合承包指标全面完成贡献突出的，除按项目承包合同兑现外，可晋升一级工资或授予优秀项目经理等荣誉称号。

如果承包指标未按合同要求完成，可根据年度工程项目承包合同奖罚条款扣减风险抵押金，直至月度奖金全部扣完。如属个人直接责任，致使工程项目质量粗糙、工期拖延、成本亏损或造成重大安全事故，除全部没收抵押金和扣发奖金外，还要处以一次性罚款并下浮一级工资，性质严重者要按有关规定追究责任。

第六章
焊接安全生产管理

第一节 安全生产的意义

安全生产的目的就是保护劳动者在生产中的安全和健康，确保企业生产的顺利进行，促进经济建设的发展。而企业确保生产过程的安全后，可产生一系列效益，包括保护人的生命安全与健康的直接的社会效益，以及间接的企业经济效益；避免环境危害的直接社会效益；减少事故损失后产生的企业直接经济效益；保护企业正常生产的间接经济效益；促进生产作业的直接经济效益。

安全生产是国家和政府赋予企业的责任，是社会和员工的要求，是生产经营准入的条件，是市场竞争的要素，是持续发展的基础，是利润的组成部分。

一、焊接生产过程安全隐患

对于焊接生产来说，主要存在以下几种危险因素。

① 生产车间或焊装现场空中有吊车等立体设备，地面上有大型焊接件，容易产生摔倒碰倒事故。

② 焊机属用电设备，工作电压较高，超过了安全电压，易发生人体触电事故。

③ 电弧焊焊接或切割时存在金属烟尘、有毒气体、高频电磁场、射线、电弧辐射和噪声等危害人身健康甚至安全等有害因素。

④ 焊接过程有可能有登高作业，易产生人员坠落的危险。

⑤ 焊接与火焰切割现场易产生火灾甚至爆炸危险。

⑥ 焊工对化工及燃料容器、管道进行焊补时，易发生爆炸、火灾、中毒事故。

二、焊接安全生产概述

焊接生产安全管理是焊接生产管理的重要组成部分，其管理的对象主要是在焊接生产中一切人、设备和环境。焊接生产安全管理的内容包括安全组织管理、场地与设施管理、行为控制和安全技术管理四个方面。

焊接生产中，安全与生产不矛盾，只有安全有保障，生产才能正常进行，才能按预先计划去生产产品、创造财富。安全与质量不矛盾，质量包括安全工作质量，只有在生产过程中相关的人、物、设备、环境安全了，才能确保长期生产出高质量的产品。安全与速度不矛盾，只有生产长期处于安全状态，生产速度才能提高。如果生产过程中发生安全事故，就必须停工整顿，生产速度就得不到保障。安全与效益不矛盾，生产中安全措施得力，就能提高生产人员的积极性，从而提高劳动生产率，创造更多的经济效益。安全措施不得力，容易造成生产事故，生产不能正常进行，损坏的设备须重新购买，伤亡的人员须赔抚恤金，经济效益就无从保障。

焊接生产管理坚持"安全第一，预防为主"的方针。这要求平时对安全生产进行科学有序的管理，及时排查生产中的安全隐患，及时把可能发生的事故消灭在萌芽状态。

第二节 焊接生产安全管理

焊接生产安全管理是对焊接生产过程实施全面安全管理，以确保焊接生产的正常进行。焊接生产安全管理的内容包括健全安全责任制度，落实安全责任；制定安全技术措施计划；进行安全教育与训练；生产安全技术交底；安全检查；隐患处理；安全事故调查与处理等。

焊接生产经营单位应具有安全生产有关法律、行政法规和国家标准或者行业标准规定的安全生产条件；不具备安全生产条件的不得从事焊接生产经营活动。

一、健全安全责任制度并落实安全责任

全面的焊接生产安全管理，离不开系统全面的安全管理制度。首先，要确立本企业的安全管理目标，依此制定出系统全面的安全管理制度并落实责任、严格执行，才能确保焊接生产的安全有序进行。

1. 焊接生产安全责任制度

焊接生产安全责任制度包括焊接安全生产责任制度、焊接设施安全管理制度、从业人员安全教育与训练制度、生产技术安全性审核制度、安全生产技术措施交底制度、安全检查制度、隐患处理制度、安全事故调查与处理制度等。

2. 各级安全责任制

生产经营单位的主要负责人对本单位的安全生产工作全面负责。企业内部各部门的第一领导人对本部门的安全生产或安全工作负责。对各级部门第一领导人的定期考核，一定要把安全生产作为一票否决项，才能确保各部门第一领导人重视安全生产，按有关安全生产管理制度抓好本部门生产的安全管理。各级安全职能部门、各部门安全管理人员，在各自业务范围内，对实现安全生产的要求负责。

二、制定焊接安全技术措施

焊接安全技术措施是为了消除焊接生产过程中存在的各种危险、有害因素，防止伤亡事故和职业危害，保证焊接安全生产所采取的技术方法。制定焊接安全技术措施主要是编制和贯彻实施安全技术措施计划。安全技术措施计划主要包括安全技术、工业卫生、宣传教育等。

三、安全教育和培训

我国《安全生产法》规定：企业应当对从业人员进行安全生产教育和培训，保证从业人员具备必要的安全生产知识，熟悉有关的安全生产规章制度和安全操作规程，掌握本岗位的安全操作技能。未进行安全生产教育和培训合格的从业人员，不得上岗作业。

若焊接企业采用焊接新工艺、新技术、新材料或使用新设备，必须了解、掌握其安全技术特性，采取有效的安全防护措施，并对从业人员进行专门的安全生产教育和培训。

焊接属于特种作业，焊工必须按照国家有关规定经专门的安全作业培训，取得特种作业操作资格证书即电焊工操作证后，方可上岗从事焊接作业。

三级教育，对新招收的职工、新调入职工、来厂实习的学生或其他人员进行厂级安全教育、车间安全教育、班组安全教育。

1. 厂级安全教育的主要内容

① 讲解劳动保护的意义、任务、内容和重要性，使新入厂的职工树立起"安全第一"和"安全生产人人有责"的思想。

② 介绍企业的安全概况，包括企业安全工作发展史，企业生产特点，工厂设备分布情况（重点介绍接近要害部位、特殊设备的注意事项），工厂安全生产的组织机构，工厂的主要安全生产规章制度（如安全生产责任制、安全生产奖惩条例，厂区交通运输安全管理制度、防护用品管理制度以及防火制度等）。

③ 介绍国务院颁发的《全国职工守则》和企业职工奖惩条例以及企业内设置的各种警告标志和信号装置等。

④ 介绍企业典型事故案例和教训，抢险、救灾、救人常识以及工伤事故报告程序等。

厂级安全教育一般由企业安全技术部门负责进行，时间为 4～16h。讲解应和看图片、参观劳动保护教育室结合起来，并发放浅显易懂的规定手册。

2. 车间安全教育的主要内容

① 介绍车间的概况，如车间生产的产品、工艺流程及其特点，车间人员结构、安全生产组织状况及活动情况，车间危险区域、有毒有害工种情况，车间劳动保护方面的规章制度和对劳动保护用品的穿戴要求和注意事项，车间事故多发部位、原因、特殊规定和安全要求，介绍车间常见事故和对典型事故案例的剖析，介绍车间安全生产中的好人好事，车间文明生产方面的具体做法和要求。

② 根据车间的特点介绍安全技术基础知识，如焊接车间的特点是焊机属于用电设备，存在触电危险，车间内往往有大型起重设备，易产生碰撞事故，电弧焊易产生火灾、灼伤事故，明弧易伤害眼睛，焊接登高作业易发生坠地事故，气割时易发火灾等。

③ 介绍车间防火知识，包括防火的方针，车间易燃易爆品的情况，防火的要害部位及防火的特殊需要，消防用品放置地点，灭火器的性能、使用方法，车间消防组织情况，遇到火险如何处理等。

④ 组织新工人学习安全生产文件和安全操作规程制度，并应教育新工人尊敬师傅，听从指挥，安全生产。

车间安全教育由车间主任或安全技术人员负责，授课时间一般为 4～8h。

3. 班组安全教育的主要内容

① 本班组的生产特点、作业环境、危险区域、设备状况、消防设施等。重点介绍高温、高压、易燃易爆、有毒有害、腐蚀、高空作业等方面可能导致发生事故的危险因素，交待本班组容易出事故的部位和典型事故案例的剖析。

② 讲解本工种的安全操作规程和岗位责任。应强调思想上时刻重视安全生产，自觉遵守安全操作规程，不违章作业，爱护和正确使用机器设备和工具。介绍各种安全生产活动以及作业环境的安全检查和交接班制度。告知新工人出事故或发现事故隐患时，应及时报告领导，采取措施。

③ 讲解如何正确使用劳动保护用品和文明生产的要求。要强调机床转动时不准戴手套操作，高速切削要戴保护眼镜，女工进入车间戴好工帽，进入施工现场和登高作业，必须戴好安全帽、系好安全带，工作场地要整洁，道路要畅通，物件堆放要整齐等。

④ 实行安全操作示范。组织重视安全、技术熟练、富有经验的老工人进行安全操作示范，边示范、边讲解，重点讲解安全操作要领，说明安全的操作方法，不遵守操作规程将会造成的严重后果。

班组安全教育由班组长或安全员负责，授课时间大致为 2～8h。

进行三级安全教育内容要全面，要突出重点，讲授要深入浅出，可边讲解、边参观。每经过一级教育，均应进行考试，以便加深印象。

企业应有具备安全生产条件所必需的资金投入，由生产经营单位的决策机构、主要负责人或个人经营的投资人予以保证，并对由于安全生产所必需的资金的投入不足导致的后果承担责任。

除特殊规定外的焊接企业，从业人员超过 300 人的，应当设置安全生产管理机构或配备专职安全生产管理人员；从业人员在 300 人以下的，应当配备专职或兼职的安全生产管理人员，或委托具有国家规定的相关专业技术资格的工程技术人员提供安全生产管理服务。但保证安全生产的责任仍由本企业负责。

四、生产安全技术交底

焊接安装工程正式开工前，应进行生产安全技术交底。在进行工程技术交底的同时，要进行安全技术交底。对交底的要求是根据安全措施要求和现场实际，各级管理人员需亲自进行逐级书面交底，职责明确，落实到人。

安全技术交底与工程技术交底一样须分级进行。项目经理部总工程师会同项目经理向有关施工人员和劳务队伍行政和技术负责人进行交底，交底内容包括工程概况、特征、施工难度、施工组织、采用的新工艺、新材料、新技术，施工程序与方法，关键部位应采取的安全技术方案或措施等。劳务队伍技术负责人要对所管辖的施工人员进行详尽交底。项目责任工程师要对所管辖的劳务队伍的班组长进行分部分项工程施工安全措施交底，并对其向操作班组所进行的安全技术交底进行监督与检查。责任工程师要对劳务承包方的班组进行分部分项工程安全技术交底，并监督指导其安全操作。

各级安全技术交底应按规定程序实施书面交底签字制度，并存档以备查用。

安全技术交底应针对生产项目作业的特点和危险点，内容包括危险点的具体防范措施和应注意的安全事项，应执行的有关安全操作规程和标准，一旦发生事故时应及时采取的避难和急救措施等。

总之，生产或安装前的生产安全技术交底，是为了确保从业人员能事先了解本岗位生产或安装过程中存在的危险点以及防范措施，从而确保在生产和安装过程中避免或减少安全事故的发生。

五、安全检查

安全检查是安全管理的常用工作方法，也是预防事故、发现隐患、指导整改的必要工作手段。安全检查形成制度，将对促进安全生产管理、实现生产安全起到积极的推动、保障作用。

安全检查是一项基本安全工作。在安全检查前，参检人员须对检查目的和任务有明确的认识，熟悉和了解检查涉及的工作要领，掌握必要的安全知识和技术，保证安全检查效果起到很好的作用。

1. 目的和任务

安全检查的重要原则是要有明确的检查目的，如行政安全督查、专项安全检查、专项技术检查等。在目的明确的前提下，检查的任务是辨识被检查系统存在或可能出现的各种相关危险因素，确认被检查对象的危险状态，提出消除或控制这些危险的要求或办法。检查人员首先应该明确，危险的概念一般应该包括两个方面：一是被检查系统的危险源，二是被检查系统生产、运营过程中存在的隐患和可能出现的各种不安全因素。危险源是系统客观存在的固有危险，检查内容主要是其运行状态及控制和管理措施。而生产、运营过程中存在的隐患和可能出现的各种不安全因素，其危险性质和存在形式复杂，是安全检查的重点，因此，检查要有明确的针对性。

2. 检查方法及组织实施

安全检查方法根据检查的目的不同而不同。常用的安全检查方法如下。

(1) 全面检查 根据需要，对被检查系统或地区进行的全面安全检查。检查内容可侧重于某一方面，也可根据检查对象的安全状态进行全方位检查。

(2) 分组检查 覆盖面大的地区性检查，可以按区域，也可以按行业或危险性质进行分组检查，以提高检查效率。

(3) 重点检查 根据危险特征和危险发展趋势对重大危险源、重点隐患、重要场所进行的专门检查。可以采取分类管理的办法，确定重点，集中力量控制和解决突出的安全问题。

(4) 重复检查 对于危险特征突出的重大危险源、隐患和重要场所的安全，由于其危险影响范围大，作为重点检查对象，可以通过重复检查，防止隐患遗漏。重复检查也可以在一次检查结束后，在特定时间内返回再进行检查，以核查检查效果。

(5) 抽查 因检查人员和时间要求限制，对危险类型相似的检查对象，可以采取抽查的办法进行检查。抽查可以根据所掌握的安全信息，确定重点，也可以随机抽查。

进行各种安全检查时，除查看系统管理和运行状态，重点要现场查证各种记录。检查时可以运用安全检查表逐项对照检查，以提高检查的针对性和有效性。检查结束后进行总结，将检查情况向被检查单位通报，并及时收集归纳各种检查材料和检查记录，以形成完整的检查资料归档。

3. 安全检查表

编制或运用安全检查表进行检查，是提高安全检查效率最有效的办法。安全检查表的优点是检查项目系统、完整，针对性强。使用安全检查表可以做到不遗漏关键的危险因素，避免因抓不住重点而使检查形式化，因而能保证安全检查的质量，并能方便地保留检查的原始记录。安全检查表另一个优点是自行编制。编制检查表的过程是一个系统安全分析的过程，可使检查人员对系统的认识更深刻，便于发现危险因素。编制检查表时要注意：第一，内容必须全面，避免遗漏主要的潜在危险；第二，重点要突出，简明扼要，不能因检查内容和要点设定太多而掩盖主要危险因素。

目前安全检查表有三大类，即定性检查表、半定量检查表和否决型检查表。定性安全检查表是列出检查要点，逐项检查，以"对"、"否"表示检查结果，只能进行综合定性评定，不能量化。半定量检查表可以给每个检查要点按权重事先确定分值，检查结果以总分量化表示，不同的检查对象可以相互比较。否决型检查表是对一些特别重要的检查要点作出标记，如不满足，检查结果视为不合格，安全检查表的优点是重点突出，可应用于重要、关键装备和设施的安全检查。

受编制人员的经验和技术水平的影响，一种安全检查表不可能一开始就达到完善水平，而只能在实际应用中不断补充、调整和完善。应用现成安全检查表时特别要注意这一点，要根据具体情况进行适当的取舍和补充。

六、隐患处理

安全检查是不断做好安全工作的必要途径和手段，是安全管理中不可缺少的重要环节。

进行安全检查之后，更重要的是厂、车间、工段、班组的负责人，应以积极的态度对待各级安全部门的检查，诚心接受安监部门的指导，对于检查出的事故隐患，应以积极的态度，尽快组织人力、物力进行整改，及时消除设备或人身事故隐患。

对安全检查中查出的安全隐患，主要处理方式如下。

① 对检查中发现的事故隐患，应当责令立即排除；重大事故隐患排除前或排除过程中无法保证安全的，应当责令从危险区域内撤出作业人员，责令停产停业或者停止使用；重大事故隐患排除后，经审查同意，方可恢复生产经营和使用。

② 安全检查中发现的安全隐患应进行分类登记，既作为整改的备查依据，也作为安全动态分析的重要依据。对于多次安全检查中重复出现的隐患，说明整改不得力，或者原来制定的整改方法不得力，须重新制定新的整改方法。

③ 安全检查中查出安全隐患后，应及时发出隐患整改通知。而对存在即发性事故危险的隐患，检查人员应马上责令停工，被查单位立即进行整改。

④ 对于违章指挥、违章作业行为，检查人员应当场指出，要求被查者立即纠正。

⑤ 被查部门领导，收到检查部门发出的安全隐患整改书后，应立即按整改书要求进行整改。

⑥ 被查部门对隐患整改完毕后，应报告检查部门。检查部门应及时对整改完成情况进行复查验收。

七、生产安全事故的应急救援与调查处理

发生生产安全事故后，事故现场有关人员应立即报告本单位负责人。单位负责人接到事故报告后，应迅速采取有效措施，组织抢救，防止事故扩大，减少人员伤亡和财产损失，并按国家有关规定立即如实报告当地负有安全生产监督管理职责的部门，不得隐瞒不报、谎报或者拖延不报，不得故意破坏事故现场、毁灭有关证据。

第三节　焊接生产安全技术措施

一、焊接生产安全技术措施概述

焊接生产安全技术措施是指焊接生产企业为确保焊接生产顺利进行，达到预定的生产目标，防止操作人员人身伤害和职业病危害，防止火灾等事故发生，而从技术上采取的各种措施。这些措施主要有根除和限制危险因素、隔离、为设备进行故障-安全设计、减少设备故障和失误、警告等。

安全技术是改善生产工艺、改进生产设备、控制生产因素不安全状态、预防与消除危险因素对人产生的伤害的科学武器和有力手段。安全技术包括为实现安全生产的一切技术方法与措施，以及避免损失扩大的技术手段。

安全技术措施重点解决具体的生产活动中的危险因素的控制，预防与消除事故危害。发生事故后，安全技术措施应迅速将重点转移到防止事故扩大，减少事故损失，避免引发其他事故上。即安全技术措施在安全生产中，应该发挥预防事故和减少损失两方面的作用。

安全技术与工程技术具有统一性，是不可割裂的。强行割裂则是一种严重错误，不符合"管生产同时管安全"的原则。

安全技术措施必须针对具体的危险因素或不安全状态，以控制危险因素的生成与发展为重点，以控制效果作为评价安全技术措施的唯一标准。

二、焊接生产安全技术的具体措施

预防是消除事故的最佳途径。针对生产过程中已知的或已出现的危险因素，采取的一切消除或控制的技术性措施统称为安全技术措施。在采取安全技术措施时，应遵循预防性措施优先选择，根治性措施优先选择，紧急性措施优先选择的原则，以保证采取措施与落实的速度，即要分出轻、重、缓、急。安全技术措施的优选顺序：根除危险因素，限制或减少危险因素，隔离、屏蔽，连锁故障-安全设计，减少故障或失误，校正行动。

（1）根除危险因素　选择合理的设计方案、工艺，选用理想的原材料、安全设备，并控制长期使用中的状态，从根本上解决对人的伤害作用。

（2）隔离、屏蔽　以空间分离或物理屏蔽把人与危险因素进行隔离，防止伤害事故或其他事故。

（3）故障-安全设计　发生故障、失误时，在一定时间内系统仍能保证安全运行。系统中优先保证人的安全，依次是保护环境、保护设备和防止机械能力降低。故障-安全设计方案的选定由系统故障后的状态决定。

（4）减少故障和失误　安全监控系统、安全系数、提高可靠性是经常采用的减少故障和失误的措施。

（5）警告　生产区域内的一切人员，需要经常注意生产因素变化、警惕危险因素的存在。采用视、听、味、触警告，以校正危险的行动。警告是提醒人们注意危险因素的主要方法，是校正人们危险行动的措施。

三、常用焊接工艺安全操作技术

1. 气焊气割安全操作技术

① 乙炔的最高工作压力禁止超过 147kPa 表压。

② 使用紫铜、银或含铜量超过 70% 的铜合金制造与乙炔接触的仪表、管子等零件。

③ 乙炔发生器、回火防止器、氧气和液化石油气瓶、减压器等均应采取防止冻结措施。

④ 气瓶、容器、管道、仪表等连接部位应采用涂抹肥皂水方法检漏，严禁使用明火检漏。

⑤ 气瓶、溶解乙炔瓶等均应稳固竖立或装在专用胶轮车上使用。

⑥ 禁止使用电磁吸盘、钢绳、链条等吊运各类焊接与切割用气瓶。

⑦ 气瓶、溶解乙炔瓶等均应避免放在受阳光暴晒，或受热源直接辐射及易受电击的地方。

⑧ 氧气、溶解乙炔气等气瓶不应放空，气瓶内必须留有余气。

⑨ 气瓶漆色的标志应符合国家的有关规定。

⑩ 气瓶应配置手轮或专用扳手启闭瓶阀。

⑪ 工作完毕、工作间隙、工作点转移之前都应关闭瓶阀。

⑫ 禁止使用气瓶作为登高支架和支承重物的衬垫。

⑬ 留有余气需要重新灌装的气瓶，应关闭瓶阀，旋紧瓶帽，标明空瓶字样或记号。

⑭ 氧气、乙炔的管道，均应涂上相应气瓶漆色规定的颜色和标明名称，便于识别。

2. 焊条电弧焊安全操作技术

① 焊机必须装有专用电源开关；焊机的一次电源线长度不宜超过 3m；焊机外露的带电部分应设有完好的防护装置；禁止用连接建筑物金属构架和设备等作为焊接电源回路；焊机应可靠接地，禁止用氧气管道和乙炔管道作为接地装置的自然接地极。

② 连接焊机与焊钳必须使用软电缆线，长度不宜超过 30m；焊机的电缆线应使用整根导线，中间不应有连接接头；焊接电缆线要横过马路或通道时，必须采取保护套等保护措施；禁止利用厂房的金属结构、轨道、管道、暖气设施或其他金属物体搭接起来作电焊导线电缆；禁止焊接电缆与油脂等易燃物接触。

③ 电焊钳必须有良好的绝缘性与隔热能力，焊钳的导电部分应采用紫铜材料制成，焊钳与电焊电缆的连接应简便牢靠，接触良好；禁止将过热的焊钳浸在水中冷却后立即使用。

④ 焊接场所应有通风除尘设施，防止焊接烟尘和有害气体对焊工造成危害。

⑤ 焊接作业人员应按有关要求选用个人防护用品和合乎作业条件的遮光镜片和面罩。

⑥ 焊接作业时，应满足防火要求，可燃、易燃物料与焊接作业点火源距离不应小于 10m。

3. 焊条电弧切割的安全要求

除遵守焊条电弧焊的有关规定外，还应注意以下几点。

① 电弧切割时电流较大，要防止焊机发热。

② 电弧切割时烟尘大，操作者应佩戴送风式面罩。作业场地须采取排烟除尘措施，加强通风。

③ 电弧切割时大量高温液态金属及氧化物从电弧下被吹走，应防止烫伤和火灾。

④ 电弧切割时噪声较大，操作者应戴耳塞。

4. 埋弧焊的安全操作技术

① 埋弧焊的小车轮应绝缘良好，导线应绝缘良好，工作过程中应理顺导线，防止扭转及被熔渣烧坏。

② 控制箱和焊机外壳应可靠地接地和防止漏电。接线板罩壳必须盖好。

③ 焊接过程中应注意防止焊剂突然停止供给而发生强烈弧光裸露灼伤眼睛，焊工作业时应戴普通防护眼镜。

④ 埋弧焊熔剂的成分里含有氧化锰等对人体有害的物质，工作地点应有局部抽气通风设备。

5. 钨极氩弧焊安全技术措施

（1）通风措施　工作现场要有良好的通风装置，以排出有害气体及烟尘。

（2）防护射线措施　采用放射性低的铈钨极。钍钨极和铈钨极加工时，应采用密封式或抽风式砂轮磨削，操作者应佩戴口罩、手套等个人防护用品，加工后要洗净手和脸。钍钨极和铈钨极应放在铝盒内保存。

（3）防护高频措施　工件良好接地，焊枪电缆和地线要用金属编织线屏蔽，适当降低频率，尽量不要使用高频振荡器作稳弧装置，减小高频电作用时间。

（4）其他个人防护措施　氩弧焊时，由于臭氧和紫外线作用强烈，宜穿非棉布工作服，在容器内焊接又不能采用局部通风的情况下，可以采用戴送风式头盔、送风口罩或防毒口罩等个人防护措施。

6. 二氧化碳气体保护电弧焊的安全操作技术

① 加强对电弧光辐射的防护。

② 应有完善的防飞溅用具，防止人体灼伤。

③ 焊接时会产生对人体有害的一氧化碳气体，还会排出其他有害气体和烟尘，应加强通风。

④ 二氧化碳气体预热器使用的电压不得高于 36V，外壳接地可靠。工作结束时，立即切断电源和气源。

⑤ 装有液态二氧化碳的气瓶，遇热有爆炸危险，故不能接近热源。

⑥ 大电流粗丝二氧化碳气体保护焊时，应防止焊枪水冷系统漏水破坏绝缘，并在焊把前加防护挡板，以免发生触电事故。

7. MIG 焊、MAG 焊（活性气体保护电弧焊）的安全操作技术

除遵守焊条电弧焊的有关规定外，应注意以下几点。

① 焊机内的接触器和断路器的工作元件、焊枪夹头的夹紧力以及喷嘴的绝缘性能等，应定期检查。

② 加强防电弧光辐射的防护，并穿非棉布工作服。

③ 工作现场要有良好的通风装置，以排出有害气体及烟尘。

④ 焊机使用前应检查供气、供水系统，不得使其在漏气、漏水的情况下运行。

⑤ 高压气瓶应小心轻放，竖立固定，防止倾倒，气瓶与热源距离应大于 3m。

⑥ 大电流焊接时，应防止焊枪水冷系统漏水破坏绝缘，并在焊把前加防护挡板，以免发生触电事故。

8. 等离子弧焊和切割安全防护技术

① 因空载电压较高，有电击危险，电源须可靠接地，焊枪枪体或割枪枪体与手接触部分须可靠绝缘。

② 电弧光辐射尤其是紫外线辐射强度大，操作者在操作时须佩戴良好的面罩、手套。

③ 工作过程有大量汽化的金属蒸气、臭氧、氮化物等。切割时，在栅格工作下方还可以安置排风装置。

④ 等离子弧会产生高强度、高频率的噪声，操作者须佩戴耳塞。

⑤ 该焊接方法采用高频振荡引弧，要求工件接地可靠，转移弧引燃后，立即可靠地切断高频振荡器电源。

9. 电阻焊安全技术

电阻焊的安全技术主要有预防触电、压伤（撞伤）、灼伤和空气污染等。

（1）防触电　电阻焊机一次电压为高压，尤其是采用电容放电的电阻焊机，电压可高于千伏。晶闸管一般带有水冷，水柱带电，故焊机必须可靠接地。电容放电类焊机如采用高压电容，则应加装门开关，在开门后自动切断电源。

（2）防压伤（撞伤）　电阻焊机须固定一人操作，脚踏开关必须有安全防护。多点焊机则在其周围设置栅栏，操作人员在上料后必须退出，离设备一定距离或关上门后才能启动焊机，确保运动部件不致撞伤人员。

（3）防灼伤　电阻焊工作时常有喷溅产生，尤其是闪光对焊时，火花持续数秒至十多秒。操作人员应穿防护服、戴防护镜，防止灼伤。在闪光产生区周围宜用黄铜防护罩罩住，以减少火花外溅。闪光时火花可飞高 9～10m，故周围及上方均应无易燃物。

（4）防污染　电阻焊焊接镀层板时，会产生有毒的锌、铅烟尘，闪光对焊时会有大量金属蒸汽产生，修磨电极时会产生金属尘，其中镉铜和铍钴铜电极中的镉与铍均有很大毒性，必须采用一定的通风措施。

四、登高焊接与切割作业安全技术

焊工在坠落高度基准面 2m 以上有可能坠落的高处进行焊接与切割作业称为高处（或称

登高）焊接与切割作业。登高作业存在的主要危险是坠落，而高处焊接与切割作业将高处作业和焊接与切割作业的危险因素叠加起来，增加了危险性。其安全问题主要是防坠落、防触电、防火防爆以及其他个人防护等。高处焊接与切割作业除应严格遵守一般焊接与切割的安全要求外，还必须遵守以下安全措施。

① 登高焊割作业应避开高压线、裸导线及低压电源线。不可避开时，上述线路必须停电，并在电闸上挂上"有人工作，严禁合闸"的警告牌。

② 电焊机及其他焊割设备与高处焊割作业点的下部地面保持 10m 以上的距离，并应设监护人，以备在情况紧急时立即切断电源或采取其他抢救措施。

③ 登高进行焊割作业者，衣着要灵便，戴好安全帽，穿胶底鞋，禁止穿硬底和易滑的鞋。要使用标准的防火安全带，不可使用耐热性差的尼龙安全带，而且安全带应牢固可靠，长度适宜。

④ 登高的梯子应符合安全要求，梯脚需防滑，上下端放置应牢靠，与地面夹角不应大于 60°。使用人字梯时夹角以 40°±5°为宜，并用限跨铁钩挂住。不准两人在一个梯子上同时作业。禁止使用盛装过易燃易爆物质的容器作为登高的垫脚物。

⑤ 脚手板宽度单人道不得小于 0.6m，双行人道不得小于 1.2m，上下坡度不得大于 1：3，板面要钉防滑条并装扶手。板材需经过检查，强度足够，不得有机械损伤和腐蚀情况。使用安全网时要张挺，要层层翻高，不得留缺口。

⑥ 所使用的焊条、工具、小零件等必须装在牢固的无孔洞的工具袋内，防止落下伤人。焊条头不得乱扔，以免烫伤、砸伤地面人员或引起火灾。

⑦ 在高处进行焊割作业时，为防止火花飞溅引起燃烧和爆炸事故，应把动火点下部的易燃易爆物移到安全地点。对确实无法移动的可燃物品要采取可靠的防护措施，例如用石棉板覆盖遮严，在允许的情况下，还可将可燃物喷水淋湿，增强耐火性能。高处焊割作业火星飞得远，散落面大，应注意风向风力，下风方向的安全距离应根据实际情况增大，以确保安全。焊割作业结束后，应检查是否留有火种，确认合格后方可离开现场。

⑧ 严禁将焊接电缆或气焊、气割的橡胶软管缠绕在身上操作，以防触电或燃爆。登高焊割作业不得使用带有高频振荡器的焊接设备。

⑨ 患有高血压、心脏病、精神病以及不适合登高作业的人员不得登高焊割作业。登高作业人员必须经过健康检查。

⑩ 恶劣天气，如六级以上大风、下雨、下雪或雾天，不得登高焊割作业。

五、焊割作业安全用电措施

1. 对焊接切割设备电源的安全要求

① 焊接电源的空载电压在满足焊接工艺要求的同时，应考虑对焊工操作安全有利。

② 焊接电源必须有足够的容量和单独的控制装置，如熔断器或自动断电装置。控制装置应能可靠切断设备的危险电流，并安置在操作方便的位置，周围留有通道。

③ 焊机所有外露带电部分必须有完好的隔离防护装置，如防护罩、绝缘隔离板等。

④ 焊机各带电部分之间，及其外壳对地之间必须符合绝缘标准的要求，其电阻值均不小于 1MΩ。

⑤ 焊机的结构要合理，便于维修，各接触点和连接件应牢靠。

⑥ 焊机不带电的金属外壳，必须采用保护接零或保护接地的防护措施。

一般生产车间使用 380V 电压，采用三相四线制。此时应将设备外壳用导线接到零线上，即保护接零。在不接地的低压系统中，应将设备用导线接地，即保护接地。

2. 焊割设备保护接零和保护接地的安全要求

① 在低压系统中，焊机的接地电阻不得大于 4Ω。

② 焊机的接地电阻可用打入地里深度不小于 1m，电阻不大于 4Ω 的铜棒或铜管作为接地板。

③ 焊接变压器的二次线圈与焊件相连的一端必须接零（或接地）。应注意的是与焊钳相连的一端不能接零（或接地）。

④ 用于接地和接零的导线必须满足容量的要求，中间不得有接头，不得装设熔断器，连接时必须牢固。

⑤ 几台设备的接零线（或接地线）不得串联接入零线（或接地体），应采用并联方法接零线（或接地体）。

⑥ 接线时，先接零线（或接地体），后接设备外壳，拆除时顺序相反。

六、焊割操作防触电技术措施

焊接与切割操作中，由于用电电压较高，超过了安全电压，必须采取防护措施才能保证安全。

1. 焊接时发生电击的原因

国产焊机空载电压一般在 50～90V 左右，等离子弧切割电源的电压为 300～450V，均远超过了安全电压。

焊割时的触电事故分为两种情况：一是直接电击，即接触电焊设备正常运行的带电体或靠近高压电网和电气设备所发生的触电事故；二是间接电击，即触及意外带电体所发生的电击。意外带电体是指正常不带电而由于绝缘损坏或电器设备发生故障而带电的导体。

2. 防范焊割时发生电击的措施

① 做好焊接切割工作人员的培训工作，做到持证上岗，杜绝无证人员进行焊接切割作业。

② 焊接切割设备要有良好的隔离保护装置。伸出箱体外的接线端应用防护罩盖好，有插销孔接头的设备，插销孔的导体应隐藏在绝缘板平面内。

③ 焊接切割设备应设有独立的电气控制箱，箱内应装有熔断器、过载保护开关、漏电保护装置和空载自动断电装置。

④ 焊接切割设备外壳、电器控制外壳等应设保护接地或保护接零装置。

⑤ 改变焊接切割设备接头、更换焊件需改变接二次回路、转移工作地点、更换熔断器以及焊接切割设备发生故障需检修时，必须在切断电源后方可进行。推拉闸刀开关时，必须戴绝缘手套，同时头部需偏斜。

⑥ 更换焊条或焊丝时，焊工必须戴焊工手套，焊工手套应保持干燥、绝缘可靠。对于空载电压和焊接电压较高的焊接操作和在潮湿环境操作时，焊工应使用绝缘橡胶衬垫确保自身与焊件绝缘。在夏天炎热天气由于身体出汗后衣服潮湿时，不得靠在焊件、工作台上。

⑦ 在金属容器内或狭小工作场地焊接金属结构时，必须采用专门防护，如采用绝缘橡胶衬垫、穿绝缘鞋、戴绝缘手套，以保障焊工身体与带电体绝缘。

⑧ 在光线不足的较暗环境工作时，必须使用手提工作行灯，一般环境，使用的照明行灯电压不超过 36V。在潮湿、金属容器等危险环境，照明行灯电压不得超过 12V。

⑨ 焊工在操作时不应穿有铁钉的鞋或布鞋。绝缘手套不得短于 300mm，材料应为柔软

的皮革或帆布。焊条电弧焊工作服为帆布工作服，氩弧焊工作服为毛料或皮工作服。

⑩ 焊接切割设备的安装、检查和修理必须由持证电工来完成，焊工不得自行检查和修理焊接切割设备。

3. 触电急救方法

首先应使触电者脱离电源，然后对触电者进行现场救护，使其脱离危险。

七、焊割操作防火灾和爆炸措施

发生燃烧必须同时具备三个条件：可燃物质、助燃物质和着火源。

爆炸是物质在瞬间以机械功的形式释放出大量气体和能量的现象。通常把爆炸分为物理性爆炸和化学性爆炸两大类。

可燃性物质与空气的混合物，在一定的浓度范围内才能发生爆炸。可燃物质在混合物中发生爆炸的最低浓度称为爆炸下限；反之，则为爆炸上限。在低于下限和高于上限的浓度时，是不会发生着火爆炸的。爆炸下限和爆炸上限之间的范围，称为爆炸极限。

防范焊割作业中火灾和爆炸事故的措施如下。

① 焊接切割作业时，将作业环境 10m 范围内所有易燃易爆物品清理干净，应注意作业环境的地沟、下水道内有无易燃液体和可燃气体，以及是否有可能泄漏到地沟和下水道内可燃易爆物质，以免由于焊渣、金属火星引起灾害事故。

② 高空焊接切割时，禁止乱扔焊条头，对焊接切割作业下方应进行隔离，作业完毕应进行认真细致的检查，确认无火灾隐患后方可离开现场。

③ 应使用符合国家有关标准、规程要求的气瓶，气瓶的储存、运输、使用等应严格遵守安全操作规程。

④ 对运送可燃气体和助燃气体的管道应按规定安装、使用和管理，对操作人员应进行专门的安全技术培训。

⑤ 焊补燃料容器和管道时，应结合实际情况确定焊补方法。实施置换方法时，置换应彻底，工作中应严格控制可燃物质的含量。实施带压不置换法时，应按要求保持一定的正压。工作中应严格控制容器和管道的含氧量，加强监测，注意保护，要有安全组织措施。

第七章
焊接安装工程项目招投标及概预算

第一节　焊接安装工程项目招投标

我国于 2000 年 1 月 1 日起实施《中华人民共和国招标投标法》（以下有时简称"招标投标法"），规定在中华人民共和国境内的工程建设项目必须进行招投标。

一、招标

（一）法规中部分招标相关条文

① 招标人是指依照本法规定提出招标项目、进行招标的法人或者其他组织。

② 招标分为公开招标和邀请招标。

③ 公开招标，是指招标人以招标公告的方式邀请不特定的法人或者其他组织投标。

④ 邀请招标，是指招标人以投标邀请书的方式邀请特定的法人或者其他组织投标。

⑤ 国务院发展计划部门确定的国家重点项目和省、自治区、直辖市人民政府确定的地方重点项目不适宜公开招标的，经国务院发展计划部门或者省、自治区、直辖市人民政府批准，可以进行邀请招标。

⑥ 招标人采用公开招标方式的，应当发布招标公告。依法必须进行招标的项目的招标公告，应当通过国家指定的报刊、信息网络或者其他媒介发布。

⑦ 招标公告应当载明招标人的名称和地址、招标项目的性质、数量、实施地点和时间以及获取招标文件的办法等事项。

⑧ 招标人采用邀请招标方式的，应当向 3 个以上具备承担招标项目的能力、资信良好的特定的法人或者其他组织发出投标邀请书。

⑨ 招标人可以自行办理招标事宜，也有权自行选择招标代理机构，委托其办理招标事宜。

⑩ 招标人应当确定投标人编制投标文件所需要的合理时间；但是，依法必须进行招标的项目，自招标文件开始发出之日起至投标人提交投标文件截止之日止，最短不得少于 20 日。

（二）招标文件内容

招标文件是向投标单位介绍生产项目情况和招标条件的文件，也是生产项目承包合同的基础文件。招标文件通常包括招标邀请书、投标者须知、合同条件及合同协议条款、招标工程范围、施工组织方案（或设计）内容要求、图纸和执行的规范、工程量清单、投标书和投标保证书格式、补充资料表、合同协议书及各类保证、评标标准和评标办法。

1. 招标邀请书

招标邀请书是就本安装项目招标公开向社会符合条件的单位发出投标邀请。

2. 投标者须知

投标者须知包括总则、招标文件、投标书编制、投标书提交、开标与评标、授予合同等几部分内容。

① 总则主要包括招标范围、投标人资格、投标费用、现场考察、投标人答疑等。

② 招标文件包括对招标文件内容的说明、招标文件的澄清、招标文件的修正等。

③ 投标书的编制主要说明投标书采用的语言、投标书的组成、投标价格的说明、投标和支付所使用的货币、投标有效期、投标保证金、是否接受投标人提出的替代方案。

④ 投标书的提交主要说明投标书的密封与标志、投标书递交地点及截止期、对迟到的投标书的处理、投标书的修改与撤回。

⑤ 开标与评标主要说明开标程序、开标方式、投标书的澄清和与招标人的联系、投标书的审查与响应性的确定、错误的改正、投标书的评价与比较等。

⑥ 授予合同主要包括合同授予标准、中标通知、合同书的签署、履约保证金、工程进度款以及对腐败或欺诈行为的处理。

3. 合同条件及合同协议条款

合同协议条款的内容一般包括协议书、通用条款和专用条款。

协议书包括工程概况、工程承包范围、合同工期、质量标准、合同价款以及组成合同的文件等内容。

专用条款包括词语定义及合同文件、双方一般权利和义务、施工组织设计和工期、质量与验收、安全施工、合同价款与支付、材料和设备供应、工程变更、竣工验收与结算、违约索赔和争议等内容。

4. 施工组织方案内容

投标人的投标书中须包含施工组织方案，其内容主要包括施工方案设计、主要施工技术措施、施工管理措施、计划开竣工日期和施工进度表、主要资源进场表、临时设施布置及临时用地表、工程拟分工情况表以及劳动力计划表等。

5. 图纸和执行的规范

图纸和执行的规范用于说明包括生产施工图样、对主要材料和设备的规格质量要求、主要工序的做法和有关特殊要求的说明，以及生产验收适用的技术规范等。

6. 工程量清单

工程量清单是对要实施的生产项目和内容按产品部位、性质等所列的表格。每个表中既有需要实施的分项目，又有每个分项目的工程量和计价要求，以及每个分项目报价和每个表的总计等。项目中，焊接结构的工程量通常按不同构件或不同部位的重量列出。工程量清单是供投标单位作为计算标价的依据。

7. 评标标准和评标办法

发包人在招标书中对本部分内容做出明确说明。

招标人在招标过程中，还可以以招标文件修改通知的形式对招标文件进行修改。这些修改通知可视为招标文件的组成部分。

二、投标

（一）法规中部分投标相关条文

① 投标人是响应招标、参加投标竞争的法人或者其他组织。

② 投标人应当具备承担招标项目的能力；国家有关规定对投标人资格条件或者招标文

件对投标人资格条件有规定的，投标人应当具备规定的资格条件。

③ 投标人应当按照招标文件的要求编制投标文件。投标文件应当对招标文件提出的实质性要求和条件做出响应。

④ 投标人应当在招标文件要求提交投标文件的截止时间前，将投标文件送达招标地点。招标人收到投标文件后，应当签收保存，不得开启。投标人少于 3 个的，招标人应当依照本法重新招标。

⑤ 投标人在招标文件要求提交投标文件的截止时间前，可以补充、修改或者撤回已提交的投标文件，并书面通知招标人。补充、修改的内容为投标文件的组成部分。

⑥ 两个以上法人或者其他组织可以组成一个联合体，以一个投票人的身份共同投标。联合体各方均应当具备招标项目的相应能力，国家有关规定或者招标文件对投标人资格条件有规定的，联合体各方均应当具备规定的资格条件。由同一专业的单位组成的联合体，按照资质等级较低的单位确定资质等级。

⑦ 联合体各方应当签订共同投标协议，明确约定各方拟承担的工作和责任，并将共同投标协议连同投标文件一并提交招标人。联合体中标的，联合体各方应当共同与招标人签订合同，就中标项目向招标人承担连带责任。

⑧ 投标人不得以低于成本的报价竞标。

（二）投标文件及工作程序

1. 投标文件的基本内容

投标文件的内容很多，主要包括下述的全部或其中一部分：封面、投标函、投标函附表、投标报价表、法定代表人资格证明书、授权委托书、法定代表人身份证复印件和授权代理人身份证复印件及法定代表人资格证明和授权委托书的使用说明、企业法人营业执照、施工资质证书、安全生产许可证、企业获得的省级优质工程奖荣誉证书、投标保证金到户证明、工程预算书、施工组织设计、农民工工资保障金承诺书、企业概况表、近三年来施工企业承建的类似项目竣工工程情况表、项目经理简历表、主要施工管理人员表、进入该工程的主要机械设备表、质量管理体系认证证书、环境管理体系认证证书、职业健康安全管理体系认证证书以及投标企业获得的一些荣誉证书或称号等。

2. 投标工作程序

投标工作程序如图 7-1 所示。

3. 填写标书应注意的事项

① 投标文件中的每一个要求填写的空格都必须填写，否则，即被视为放弃意见。重要数字不填写的，可能被作为废标处理。

② 填报文件应反复校对，保证分项和汇总计算无误。

③ 递交的文件均应每页签字或盖上单位印鉴，如填写中有错误而不得不修改时，则应在修改处签字盖印。

④ 投标文件的字迹要清晰、端正，补充设计图样要美观，所有投标文件应装帧美观大方，给招标人留下良好印象。

⑤ 递标不宜太早，应密封送交指定地点。

（三）影响投标成功率的因素

1. 投标的决策

正确合理的决策是作出投标与否以及使中标可能性增大的关键。投标决策阶段可分为前

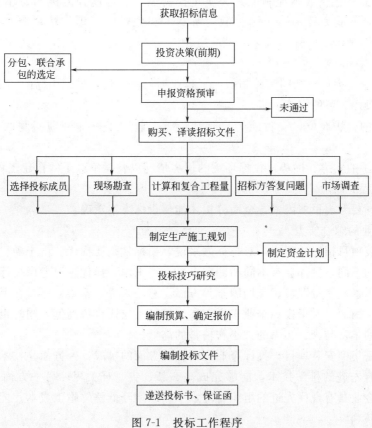

图 7-1　投标工作程序

期阶段和后期阶段。

（1）投标决策的前期阶段　前期阶段的投标决策必须在购买投标人资格预审资料前后完成。决策的主要依据是招标广告，以及公司对招标的工程、招标方情况的调研和了解程度。

对投标与否做出决定。通常情况下，对下列招标项目应放弃投标。例如，本企业主营和兼营能力之外的项目，工程规模、技术要求超过本企业技术等级的项目，本企业生产任务饱和，而招标工程的盈利水平较低或风险较大的项目，本企业技术等级、信誉、安装水平明显不如竞争对手的项目等。

（2）投标决策的后期阶段　如果决定投标，即进入投标决策的后期阶段，此阶段是从申报资格预审至投标报价（封送投标书）之前。主要研究准备投什么性质的标，以及在投标中采取的策略。投标性质可分为风险标、保险标、盈利标、保本标、亏损标。

（3）影响投标决策的主观因素

① 技术实力：包括精通本行业的各类专家组成的组织机构，设计和安装专业特长，解决各类安装技术难题的能力，与招标项目同类型国内外工程的安装经验，有一定技术实力的合作伙伴。

② 经济实力：包括垫付资金的能力，一定的固定资产和机具设备及其投入所需的资金，一定的周转资金用来支付安装用款，支付各种担保的能力，支付各种纳税和保险的能力，抵御由于不可抗力带来的风险，有一定经济实力的合作伙伴。

③ 管理实力：包括成本控制能力、质量控制能力、进度控制能力、生产安全控制能力、人力资源管理能力等，健全完善的规章制度和先进的管理方法、企业技术标准、企业定额、企业管理和项目管理人才，"重质量"、"重合同"的意识及其相应切实可行的措施。

④ 业绩信誉实力：包括同类或相似的工程业绩，良好的信誉是中标的一个重要因素。

（4）影响投标决策的客观因素

① 招标方的合法地位、支付能力、履约信誉、监理工程师处理问题的公正性、合理性等。

② 竞争对手的实力、优势，投标环境的优劣情况以及竞争对手的在建工程状况。

③ 承包工程的风险。

投标与否，要考虑很多因素，全面分析才能使投标决策正确。

2. 投标企业的综合实力

在焊接安装项目招标过程中，对招标人来说，招标就是要择优。由于项目的性质和招标方的评价标准的不同，择优会有不同的侧重点。一般来说，择优主要考虑投标人的标书中价格因素、技术因素、质量因素、工期因素等方面。总的来说，希望中标者在上述四个方面的综合因素最好。因而，对于投标企业来说，参加投标不仅比报价高低，同时也要比技术的先进与否、经验的丰富与否、实力的大小和信誉的高低。

对于技术密集型安装项目，投标企业会面临两方面的挑战：一方面是技术上的挑战，要求投标企业具有先进的科学技术，能够完成高、新、尖、难工程；另一方面是管理上的挑战，要求投标企业具有现代先进的组织管理水平，以期降低整体施工成本，能够以较低报价中标，靠管理获利。

因此，焊接项目安装企业应注重资质和管理两方面建设。

资质方面，对于压力容器施工项目来说，若企业具备有三类压力容器安装资质，则在承揽这类容器的安装项目上就具有很大的优势，竞争对手少，因而投标时报价可以相对较高，容易获取较大的利润。若某焊接安装企业只能从事最普通的钢结构焊接工程，则由于竞争对手多，竞争激烈，中标的可能性便会降低，或只能为了中标而压低报价，最后无利可图或获利极少。

管理方面，每类资质的焊接安装企业都会有硬件实力差别不大的同行企业竞争对手，大家竞争同一个焊接安装项目时，硬件实力相差无几，则软件即管理方面的实力往往对竞标成功与否起着决定性因素。例如，若某企业管理水平较高，在物流、施工组织、先进技术应用、先进设备应用、质量控制、材料成本、劳动力成本、安全文明生产等方面能挖掘潜力，降低这些方面的成本，即使每方面降低的成本量很小，也能积少成多，总体上成本会比竞争对手低很多，这样，在影响竞争成功率的几大影响因素中都占据了优势，取得成功的可能性便大大增强。

3. 了解招标人在本次招标中重点考虑的因素

① 投标人接到招标文件后，应对招标文件进行透彻的分析研究，对图纸进行仔细的理解。对招标文件中所列的工程量清单进行审核时，应根据招标人是否允许对工程量清单内所列的工程量误差进行调整来决定审核办法。若允许调整，则要详细审核工程量清单内所列的各工程项目的工程量，对有较大误差的，通过招标人答疑会提出调整意见，取得招标人同意后进行调整；若不允许调整，则不必对工程量进行详细的审核，只对主要项

目或工程量大的项目进行审核。发现项目有较大误差时，可以利用调整项目单价的方法进行解决。

② 投标企业还须及时通过各种途径了解招标人在本次招标中重点考虑的因素。例如，若招标人在本招标项目中，主要关注工期因素，则在制定投标书时，重点强调保证工期，而在投标单价上可适当报高，以期在确保中标前提下获取更大的利益。

若招标人在招标中重点考虑质量因素，则在制定投标书时，重点强调保证安装质量，而同样可在投标单价上适当报高，以期在确保中标前提下获取更大的利益。

若招标人在招标中重点考虑成本因素，则在制定投标书时，在保证能中标的前提下，适当降低投标单价。而在拟达到的质量等级以及技术保障措施方面适当降低要求，以期在较低价格中标后能通过在保障质量的前提下适当降低质量等级以降低安装成本，确保获利。

4. 了解主要竞争对手当时的运行情况

在每一个安装项目招标过程中，较有实力的竞标企业的主要竞争对手往往只有一两个，因此，在投标前了解主要竞争对手当时的企业运行情况，以及该企业在本标中的投标想法很重要。

例如，主要竞争对手当时的工程量极不饱满，因而可以推测其在本工程招标中的投标价格会较企业正常运行时低，则本企业制定标书时，也应相应降低投标价格（前提是仍能获利），以期缩小在这个因素上的差距，而在开标过程中，有机会解释陈述时，强调本企业在质量、管理、技术等因素上的优势。这样便能加大整体综合因素战胜对手的机会。

若主要竞争对手当时的工程量非常多，甚至达到过饱和状态。这时可推测出其在本工程招标中的投标价格会较企业正常运行时高，则本企业制定标书时，可以相应提高投标价格，而在开标过程中，有机会解释陈述时，强调本企业在质量、管理、技术、人员配置方面的优势。这样既能提高中标的机会，也能在中标后获取更大的利益。

若能在投标前了解到主要竞争对手本次投标的主要内容，则可在研究这些内容的基础上，有针对性地对在本企业投标书中相应的项目内容上进行专业设计，使这些条件既比竞争对手好一些，又不至于好太多而增加成本。

5. 开标前的投标技巧

为提高投标成功率，在投标时需研究一些投标技巧。投标技巧包括开标前的技巧和开标后至签订合同时的技巧。

(1) 不平衡报价法　主要应用于多个分项生产组成的大项目。不平衡报价法是指在总价基本确定的前提下，调整内部各个分项的报价，目的是既不影响总报价，以给招标人留下好印象，又在中标后可以获得较好的经济效益。

① 对能早期结账收回工程款的项目，可以报较高价，以利于资金周转，对后期的项目单价可以适当降低。

② 估计工程量可能会增加的分项目，其单价可提高；而工程量可能减少的，则单价可降低。

③ 图样内容不明确或有错误，估计修改后工程量会增加的，其单价可提高；修改后工程量会减少的，单价可降低。

④ 没有工程量只填报单价的分项目，其单价宜高。

⑤ 对于暂定项目，其实施可能性大的可定高价，估计该工程不一定能实施的可定低价。

⑥ 质量要求高、技术难度大的项目，单价宜高；反之，单价宜低。

⑦ 零星用工一般可投较高的工资单价。因为零星用工不包括在承包总价内，发生时实报实销，可以多获利。

（2）多方案报价法　若招标人拟定的合同要求过于苛刻，为使其修改合同要求，可提出两个报价，并阐明按原合同要求规定，投标报价为一数值；若合同要求进行某些修改，可降低报价一定的比例，以此来吸引对方。

若投标者的技术和设备满足不了原设计的要求，但在修改设计以适应本企业的施工能力的前提下仍希望中标，可以报一个按原设计施工的投标报价（高标），另一个按修改设计施工的比原设计标价低得多的报价，以吸引招标人。

（3）低投标价压标法　这种方法是在非常情况下采用的一种非常手段。如企业当时工程量严重不足，为揽工程，以度过当时难关，或某企业新进入本焊接安装项目市场，或某企业欲开辟某一地域新的焊接安装项目市场，或某企业为挤走新加入的竞争者，可制定相对正常情况下本企业不盈利的投标价，力争夺标。

但要注意的是，采用本法不得违反招标投标法中"投标人不得以低于成本的报价竞标"的条文规定。

（4）联保法　若单一企业实力不足，或某些条件不足，投标没必胜把握，则可联合其他与自己优势互补的企业组成联合体进行投标，以增强整体实力，提高中标概率。

（5）挂靠大企业法　若本企业的资质达不到招标文件的要求，可以挂靠某资质较高的同类企业。

6. 开标后的投标技巧

投标人通过公开开标这一程序可以得知众多投标人的报价。但有时招标人需要综合各方面的因素，反复评审，选择2～3家条件较优者进行议标谈判来确定中标人。投标人可利用议标谈判阶段来施展竞争手段，可采用的投标技巧主要有如下两种。

（1）降低投标价格　投标价格不是中标的唯一因素，但往往是中标的关键因素。在议标中，投标者适时提出降低投标价格是议标的主要手段。

降低投标价格可从三个方面入手，即降低投标利润，降低经营管理费和设定降价系数。通常，投标人应准备两个投标价格，即准备应付一般情况的适中价格，又同时准备应付竞争特殊环境需要的替代价格。

（2）补充投标优惠条件　除中标的关键性因素——价格外，在议标谈判的技巧中，还可以考虑其他许多重要因素，如缩短工期、提高工程质量、降低支付条件要求、提出新技术和新设计方案以及提供补充物资和设备等，以优惠条件争取中标。

三、开标、评标和中标

（一）法规中部分开标相关条文

① 开标应当在招标文件确定的提交投标文件截止时间的同一时间公开进行；开标地点应当为招标文件中预先确定的地点。

② 开标时，由投标人或者其推选的代表检查投标文件的密封情况，经确认无误后，由工作人员当众拆封，宣读投标人名称、投标价格和投标文件的其他主要内容。

③ 开标过程应当记录，并存档备查。

招标人对标书中不够明确的地方，投标单位可解释和补充说明，但是标书的内容不能更改。

各单位标书全部宣布后，由招标人当场检验标书，确认标书有效，如发现某投标单位的标书不符合招标规定时，可动员投标单位撤回或宣布无效。

投标条件较好时，可当众宣布标底，如各投标单位的标价与标底有较大差距时，标底可在评标会议上向招标领导小组宣布，并组织重新审查标底，标底需要调整时，按调整后的标底评标，如标底合理时，可召集投标单位宣布标底，并改为邀请投标条件较好的几个单位进行议标。

（二）法规中部分评标相关条文

① 评标由招标人依法组建的评标委员会负责。评标委员会由招标人的代表和有关技术、经济等方面的专家组成，成员人数为 5 人以上的单数，其中技术、经济等方面的专家不得少于成员总数的 2/3。

② 上述专家应从事相关领域工作满 8 年并具有高级职称或者同等专业水平，由招标人从国务院有关部门或者省、自治区、直辖市人民政府有关部门提供的专家名册或者招标代理机构的专家库内的相关专业的专家名单中确定；一般招标项目可采取随机抽取方式，特殊招标项目可由招标人直接确定。

③ 与投标人有利害关系的人不得进入相关项目的评标委员会。评标委员会成员的名单在中标结果确定前应当保密。

④ 评标委员会可以要求投标人对投标文件中含义不明确的内容作必要的澄清或者说明。但澄清或说明不得超出投标文件的范围或者改变投标文件的实质性内容。

⑤ 评标委员会按照招标文件确定的评标标准和方法，对投标文件进行评审和比较；设有标底的，应该参考标底。评标委员会完成评标后，向招标人提出书面评标报告，并推荐合格的中标候选人。招标人也可授权评标委员会直接确定中标人。

评标委员会的主要任务是制定评标办法，负责评标，按照评标办法推荐或决定中标者。

目前国内外采用较多的评标方法是专家评议法、低标价法和打分法。

① 专家评议法　采用这种方法是由评标委员会拟定评标的内容，如工程报价、工期、主要材料消耗、施工组织设计、工程质量保证和安全措施，分项地进行认真分析比较或调查，进行综合评议，各专家共同协商和评议，选择其中各项条件都优良者为中标单位。这种方法是一种定性的优选法，能充分听取各方面的意见，但往往意见难于统一。

② 低标价法　这种方法是在通过严格的资格预审和其他评标内容的要求都合格的条件下，评标只按投标报价来定标的一种办法。世界银行贷款项目多采用这种评标方法。

③ 打分法　这种方法是由评标委员会事先将评标的内容进行分类，并确定其评分标准，然后由每位委员无记名打分，最后统计投标人的得分。得分超过及格标准分最高者为中标单位。在设计投标因素多而复杂，或投标前未经资格预审就投标时，常采用这种公正、科学的定量的评标方法，能充分体现公平竞争、一视同仁的原则，定标后分歧意见较小。

（三）法规中部分中标相关条文

招标人根据评标委员会提出的书面评标报告和推荐的中标候选人确定中标人。招标人也可以授权评标委员会直接确定中标人。

中标人的投标应当符合以下条件之一。

① 能够最大限度地满足招标文件规定的各项综合评价标准。

② 能够满足招标文件的实质性要求，并且经评审的投标价格最低；但是投标价格低于成本的除外。

评标委员会经评审，认为所有投标都不符合招标文件要求的，可以否决所有投标。此时招标人应当依法重新招标。

在确定中标人前，招标人不得与投标人就投标价格、投标方案等实质性内容进行谈判。

中标人确定后，招标人应当向中标人发出中标通知书，并同时将中标结果通知所有未中标的投标人。

中标通知书对招标人和中标人具有法律效力。中标通知书发出后，招标人改变中标结果的，或者中标人中标项目的，应当依法承担法律责任。

招标人和中标人应当自中标通知书发出之日起 30 日内，按照招标文件和中标人的投标文件订立书面合同。招标文件中要求中标人提交履约保证金的，中标人应当提交。

中标人应当按照合同约定履行义务，完成中标项目。中标人不得向他人转让中标项目，也不得将中标项目肢解后分别向他人转让。

中标人按照合同约定或者经招标人同意，可以将中标项目的部分非主体、非关键性工作分包给他人完成。接受分包的人应当具备相应的资格条件，并不得再次分包。

中标人应当就分包项目向招标人负责，接受分包的人就分包项目承担连带责任。

投标人和其他利害关系人认为招标投标活动不符合有关法律规定的，有权向招标人提出异议或者依法向有关行政监督部门投诉。

四、焊接安装项目承包合同的签订

招标人确定中标人后，就进入合同签订期。

在正式承包合同签订前，招标人和中标人将会就工程有关问题和价格进行谈判，以最后明确即将签订的焊接安装项目承包合同一些重要条款。

（一）合同签订前谈判

合同签订前谈判过程，主要是招标人和中标人对过去双方达成的协议具体化，为最后签署合同协议书，对价格及所有条款加以认证做准备工作。

1. 招标人谈判的目的

① 通过谈判，了解投标人的报价构成，并就施工过程中可能会发生变更的项目的单价进行确认。

② 进一步了解和审查投标人的施工规划和各项技术措施是否合理，以及负责项目实施的管理成员是否有足够的能力保证工程的质量、进度、安全。

③ 对设计方案、图样、技术规范进行局部修改，使其更合理。同时估计该修改可能对工程报价和工程质量产生的影响。

2. 中标人参加谈判的目的

① 中标人参加谈判主要是对招标人提出的疑问进行解释和说明。

② 争取在拟增加项目、修改设计或提高标准时适当增加报价。

③ 争取改善合同条款，包括争取修改过于苛刻的、不合理的条款，澄清模糊的条款和增加有利于保护自己利益的条款。

招标人和中标人在合同签订前的谈判看起来是对立的、矛盾的，但在保证双方互利的基础上按计划完成工程安装项目这一点上是一致的。谈判过程就是双方妥协并达到互利共赢的过程。

在招标人和中标人对价格和合同条款达成充分一致意见后，进入签订合同协议书阶段。

（二）合同的签订

合同签订的过程是当事人双方互相协商并最后就各方的权利、义务达到一致意见的过程。不论是工程承包合同还是加工承揽合同，均属于经济合同。

一般国际工程承包项目，要求中标者在收到中标函后一定时期内，提交履约保证。中标者未按要求按时提交履约保证的，招标人有权取消中标者的中标资格。

1. 合同签订时应遵循的原则

① 遵守国家法律和行政法规，当事人只有依法签订的合同才具有法律约束力，才能实现当事人的经济目的。

② 遵循平等互利、协商一致的原则。

2. 合同文件的组成

合同文件组成及其优先顺序如下。

① 合同协议书及附录。

② 中标函。

③ 投标书。

④ 合同条件第二部分——通用条件。

⑤ 合同条件第一部分——专用条件。

⑥ 规范。

⑦ 图样。

⑧ 标价的工程量表。

在整个招标过程中，招标人可能对招标内容进行某些修改，在投标和谈判过程中，中标人也可能会提出某些问题要求修改。经过谈判达成一致意见后，这些修改将写入合同协议书附录中，这个附录是合同文件的重要组成部分。

合同协议书由招标人和中标人的法人代表（或其正式授权委托的全权代表）签署后，合同即开始生效。

第二节 施工组织设计

一、概述

施工组织设计既是投标书的一个重要组成部分，也是中标后施工单位组织施工的指导性施工文件。

焊接安装工程项目的施工组织设计主要是指中标单位开工前根据安装合同要求的工期和质量、项目本身的特点、施工生产现场具体情况、本单位的焊接技术水平以及资金实力等，对投入本焊接安装项目所需要的人才资料、材料、机械设备、技术、资金和施工临时设施进行时间上和空间上的合理安排而编制出的一套指导文件。

1. 施工组织设计的内容

施工组织设计的内容主要包括项目概况、施工生产方案、施工生产进度计划、准备工作计划、各项资源需要量计划、生产组织平面布置图、质量和安全保障措施、技术经济指标八个部分。它是项目计划在焊接安装项目中的具体表现。

2. 施工组织设计的作用

① 施工组织设计是投标书的重要组成部分，对中标与否有很大作用。

② 施工组织设计是报批开工、备料、备机和申请预付款的基本文件。

③ 施工组织设计是安排项目安装计划的主要依据。

④ 施工组织设计是安装项目安全文明施工的依据。

⑤ 施工组织设计是确保安装工程质量的主要依据。

⑥ 施工组织设计是制定分部分项工程安装进度计划的依据。

⑦ 施工组织设计是客户配合安装、监理工程质量、支付工程款项的基本依据。

3. 施工组织设计的编制依据

① 与甲方签订的合同文件，合同文件中规定了本焊接安装工程的质量要求等级及工期要求。

② 设计文件，施工组织设计要有整体的初步设计和技术设计，单位工程施工组织设计和分项分项工程的施工方案或施工技术措施，还要有施工设计图纸。

③ 设计部门提供的概算或修正概算。

④ 定额文件，包括概算指标、概算文件、预算定额、劳动定额、工期定额等。

⑤ 调查研究资料，包括本安装项目的特点和作用、施工力量、地方资源、道路运输情况、当地人力资源情况、当地气候条件、当地生活设施、地区规划等资料。

⑥ 中标单位的情况，包括中标单位能支持本项目的劳动力、材料、施工机具、资金情况，以及中标单位对本项目的利润、质量等级、安全等要求。

二、施工组织设计的编写

（一）项目概况的编写

施工组织设计的项目概况主要编写以下内容。

1. 项目特征

（1）项目概貌　介绍项目发包方、项目名称、项目性质或用途、工程量、项目投资、工期期限以及合同或上级要求等。

（2）结构特点　主要介绍产品的结构形式、主要外观尺寸、质量要求等。

2. 现场安装的自然条件

（1）地形地质　主要介绍现场的地理位置和地形、土层深度和相应土质、地下水位深度和水质等。

（2）气象情况　主要介绍工地的主导风向、最大风力和时期、最高温度和持续时间、最低温度和持续时间、雨期时间和雨量等。

3. 现场安装的物资条件

主要叙述交通运输条件、水电供应条件、加工资源可供应情况、生活设施可利用情况等。

4. 编制依据

制定本施工组织设计所依据的文件、图纸、法规、规范、标准等。

（二）焊接安装方案的编写

焊接安装方案的拟定是施工组织设计的核心内容。选择安装方案必须在保证安全施工的前提下，从保证工期、节约成本、提高质量三大目标出发，做到方案技术可行、工艺先进、经济合理、措施得力、操作方便。

施工方案的拟定一般包括三个方面：确定项目安装过程，安排焊接安装顺序，选择安装方法和施工机械。

1. 确定项目安装过程

确定项目安装过程，是指为了简明地表达整个项目的进度计划活动，而选择具有代表性的焊接安装项目作为安排计划，它由一系列项目活动组成。

焊接安装项目中，一般除了包括纯焊接结构生产和安装部分外，还包括非焊接内容的土建部分、设备安装部分等。其中焊接结构生产和安装部分，宏观上一般由制作与安装两个大"过程"组成。产品制作过程中，既可以将一个零件的制作（包括零件的下料、成形、焊接、检验等工序）定义为一个过程，也可以将部件的制作（包括零件制作、零件组装焊接）确定为一个过程。例如压力容器的制造，分为筒体制作、筒体安装两大过程，其中筒体制作过程又包括筒身制作、封头制作、接管（含法兰）制作、支座制作等过程。

一些大型钢结构工程（如高层钢结构建筑、长距离压力管道等）的安装，往往还划分施工段，将整个工程化整为零，分成几个施工区段，当一个施工段完成后，再进行下一个施工段的施工。这样可以在施工段内形成流水作业，以较少的人员投入完成同样规格要求的工程任务，从而提高施工效率，避免停歇窝工，达到降低工程施工费用的目的。划分施工段没有具体的量性规定，但应遵循这些原则：施工段的大小应满足劳动组织所需工作面的要求；施工段之间的工程量相差一般应控制在 15％以内。

2. 安排焊接安装顺序

安排焊接安装顺序，是指识别上述已确定的"过程"（或施工段）之间的相互关系与依赖关系，并据此对各过程的先后顺序进行安排和确定的工作。它是制定项目进度的依据。编排的安装顺序需满足各种技术条件及要求，各个施工阶段要划分明确，同时要考虑各工程能进行交替作业，以有利组织、调动和周转各种生产设备和人员，使其能发挥最大作用，避免各施工阶段脱节，提高效率。施工顺序编排得恰当与否，会直接影响工程的经济性甚至工程质量。

"过程"排序所需的信息如下。

（1）项目"过程"清单（含产出物描述）　以压力容器产品为例，包括筒体制作、封头制作、接管制作、支座制作、筒体与封头装配、筒体与筒体装配、支座与筒体装配、致密性试验、现场吊装就位等。

（2）"过程"之间的必然依存关系　如接管与筒体装配过程的开展必须以完成接管制作过程和筒体与封头装配过程为前提。

（3）"过程"之间的人为依存关系　这种关系是项目管理者人为确定的关系。如为减少制作班组成员，可以人为地将接管制作过程安排在筒体制作过程之后。

（4）"过程"的外部依存关系　这种关系是指本项目团队与其他团队活动以及项目团队的项目活动与非项目活动之间的相互关系。如企业内只有两台 X 射线探伤仪，而该企业同时有多个生产项目同时开展，都需要用到 X 射线探伤仪，这种情况就会干扰本项目"过程"排序工作。

（5）"过程"的约束条件　项目所面临的各种资源与条件限制因素，同样会对排序造成影响。

安排焊接安装项目顺序常用顺序图法。该法用单个节点（框）表示一项"过程"，用节点之间的箭线表示"过程"之间的相互关系。

以球罐制造为例，其安装过程顺序是：支柱组装—内脚手架搭设—赤道带板组装—外脚手架搭设及中心柱安装—下温带板组装—上温带板组装—下寒板组装—上寒带板组装—下极板组装—上极板组装—组装质量检查—防护棚搭设—各带焊接—热处理—附件安装。

以压力容器的制造安装工程为例，其安装顺序如图7-2所示。

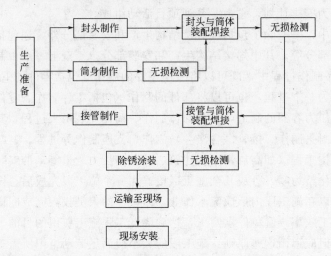

图 7-2　汽油储罐制作安装生产施工顺序

3. 选择安装方法和施工机械

在拟定焊接安装方案时，明确主要安装过程（及重要工序）所采用的安装方式和技术方法，是具体指导安装工作，做好备工、备料、备机工作的一项基本任务。在选择安装方法时应遵循一定的原则。

（1）选择安装方法遵循的原则。

① 既便于施工，又要经济合理。适用一个安装过程的方法一般有几种，应根据工程具体情况，选择一种既安装方便，成本又相对低的方法。

② 采用先进技术，提高安装质量。技术先进的作用主要表现在提高工效、降低成本、减少投入、增加产出等方面。焊接是焊接安装项目中最重要的工序，应尽可能选用先进的焊接方法。如常用的电弧焊方法中，二氧化碳气体保护电弧焊比焊条电弧焊在焊接速度、焊接成本上具有明显优势，应优先选用。若安装现场远离城市，氧气、乙炔供应困难，则可选用等离子切割机进行切割，而不是氧-乙炔切割。

（2）选择施工机械　应结合成本和效率来综合考虑。如钢结构的钢柱、钢梁吊装，若现场没有吊车，则可选用成本较低的电动葫芦作为吊装设备。

（三）编制焊接安装工程进度计划

施工组织设计最重要的组成之一就是安装进度计划。安装进度计划的编制工期必须要满足工程合同对工期的要求，并在不增加资源的前提下尽量提前。

1. 安装进度计划的内容和步骤

① 确定安装工程的过程项目。

② 计算各过程的工程量和劳动量。

③ 初步确定各安装过程的施工人数，并计算各安装过程的安装天数。

④ 按各安装过程顺序绘制安装进度计划图。

⑤ 检查和调整安装进度计划。

2. 安装进度计划的形式

安装进度计划的形式主要有横道图和网络计划图两种。

（1）横道图　又称甘特图，一般应包括下列内容：各安装过程项目名称、工程量、劳动量、每天安排的人数和安装时间等。表格分为两部分，左边是过程的名称和相应的安装参数，右边是时间。如表 7-1 所示。

表 7-1　生产施工进度计划横道图

项次	分部分项任务名称	工程量		定额	劳动量		机械		每天工作班	每天工人数	施工进度											
		单位	数量		工种	工日	名称	台班			月						月					
											5	10	15	20	25	30	35	40	45	50	55	60

横道图方法简单、直观，但不能全面反映各过程相互之间的关系和影响，不能突出工作的重点（影响工期的关键过程），也不能看出计划中的潜力及其所在，不能进行计算机运算及优化。

（2）网络计划图　网络计划法从整个系统着眼，把一项工程作为一个系统，将系统中相互依存、相互制约的要素之间的关系用网络图的形式形象地显示出来。可以通过预先分析和估计工程项目安装过程中可能发生的各种影响资源利用的因素，统筹规划和安排，并进行目标优化，使项目能按预定的目标进行。在实施过程中可以经常按实际情况进行调整，使施工得以全面地达到优质、节省和快速的要求。

（四）编制资源需要量计划

资源需要量计划是根据项目安装进度计划及各分项过程对劳动力、材料、成品、半成品、设备等资源的不同需要量，计算出单位时间内对某种资源的需要量，即可得到与安装进度相应的资源需要量计划。再根据各种材料、成品、半成品在现场的储存量或储存天数，编制出各种资源的供应计划、劳动力计划、机械设备进出场计划。

（五）绘制现场安装平面布置图

现场安装平面布置需要根据现场条件认真筹划，力求布置合理，充分利用作业条件，使各工程能协同作业。主要的施工场地与各种施工设备能相互协调，发挥最大的效果。

现场安装平面布置的主要内容如下。

① 选择并确定制作场和预装场等作业区。

② 布置设备及专用工棚。

③ 布置材料堆场和仓库。

④ 布置场内临时道路。

⑤ 布置办公和生活临时设施。

⑥ 布置水电网临时设施。

（六）拟定质量、安全技术措施

对现场安装过程中容易发生的质量安全事故，必须借用以往生产的经验教训和有关规范、规程，事先提出一些具体的技术措施以防止发生质量和安全事故。

1. 质量技术措施

质量技术措施是指对单位工程的一些主要安装环节，针对具体工程情况和安装条件，提出控制和保证安装质量所应采取的一些具体预防技术措施，具体内容如下。

① 保证工程定位、放样准确无误的技术措施。

② 保证焊缝质量达标的技术措施。

③ 保证装配达到要求的技术措施。

④ 保证吊装到位的技术措施。

⑤ 拟定风、雪、雨季节施工的技术措施。

2. 安全技术措施

安全技术措施主要有以下几个方面。

① 防止高空坠落、机具伤害、触电事故、物体打击等工伤事故的安全措施。

② 对易燃、易爆物品的严格管理和安全使用的技术措施。

③ 对防火、防雷电等自然灾害影响安全的技术措施。

④ 对从事有毒、有尘、有害气体操作人员的安全防护措施。

第三节　××安装公司钢制焊接油罐项目施工组织设计

一、工程概况

工程概况具体内容本书略。

部分编制依据如下。

① 工程招标文件、设计图纸及设计说明。

② 建设批文等相关文件。

③ 工程设计图纸、设计说明及优化、细化设计图。

④ 国家颁布的现行设计、施工规范、规程及行业标准、法律法规。

⑤《立式圆形钢制焊接油罐施工及验收规范》（GB 50128—2005）。

⑥ ××安装有限公司《质量、环境、职业健康安全管理体系文件》。

⑦ ××安装有限公司内部制定的钢结构作业指导书。

二、施工总体部署

（一）施工部署

本工程虽为常见的储罐工程，但构造相对要求较高，安装精度要求较严。另外本工程容易发生质量通病，如何防止结构制作、安装易发生变形等，项目经理部必须有强烈的质量意识，精心组织、精心施工，加强对施工过程中的质量预检工作，严格技术、质量管理，确保工程达到优良的等级。该单位对于本工程全面推行 ISO 9001、ISO 14000、OTHUS 18000 管理标准。

本工程如该公司中标，将由公司挑选管理经验丰富、技术水平高、责任心强的优秀管理人员组建工程项目部，从组织上确保严格按本施工组织设计制定的各项技术要求，对本工程实施科学规范化的项目管理，加强对施工过程的质量预控工作。公司将本工程列为创优良重点工程，从技术管理、施工力量、机械配置、材料供应、资金调度等方面，全方位对本工程给予支持。由公司工程管理处派专人对本工程施工的全过程实施管理和监控，以确保本工程按合同如期竣工，验收一次达标。

1. 本工程的项目部组织机构设置

项目部组织机构设置及成员见图 7-3、表 7-2。

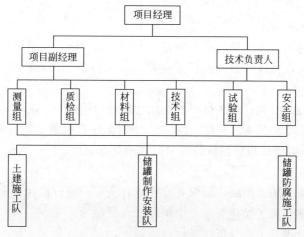

图 7-3　项目部组织机构设置

表 7-2　项目部组织机构成员

职　　务	姓　名	职　称	拟在本工程中任职	是否持证
项目经理	×××	高级工程师	项目经理	有项目经理证
项目副经理兼技术负责人	×××	工程师	项目副经理兼技术负责人	有项目经理证和工程师证
施工总管	×××	助理工程师	施工员	有施工员证
质量管理	×××	助理工程师	质检员	有质检员证
计划管理	×××	助理工程师	预算员	有预算员证
材料管理	×××	助理经济师	材料员	有材料员证
安全管理	×××	助理工程师	安全员	有安全员证

2. 工程划分原则及要求

按先地下后地上的原则，将本单位工程划分几个分项工程，即基础及其他土建分项、油罐制作安装分项、油罐外防腐分项，其中主体结构的焊接是本工程的重中之重，因此油罐制作安装的焊接是管理的侧重点，而各分项工程交叉施工的情况是能否按期保质完成本工程的关键。

3. 主要分项工程施工顺序

① 土建基础施工。

② 油罐制作安装工程：号料→放样→下料→弯制→矫正→组对→焊接→无损检测→充水试验→除锈→防腐涂装。

（二）管理目标

① 工期目标。

② 质量目标。

③ 安全目标。

④ 文明施工目标。

（三）施工准备

1. 生产准备

①"五通一平"。

② 查勘现场。

③ 做好防雨排水工作。

④ 按施工总平面图布置，修建临时设施，安装水电线路，并试水、试电。

⑤ 筹集劳动力，进行进场前的三级安全教育，进行分工种的操作培训，办理有关保险等各方面的手续。

⑥ 按施工要求编制机械设备和材料的使用计划，组织进场、运输、安装。

⑦ 制定质量、安全、技术、消防、保卫、计划、经营财务、设备机具、材料、现场文明、政治思想工作、生活福利后勤服务等一系列的管理制度。

2. 技术准备

① 认真学习、审查施工图纸，组织各专业综合会审，进行设计交底和施工技术交底。

② 编制施工方案和施工操作要点，组织施工人员学习。

③ 组织有关人员进行工料分析，及时订货加工。

④ 测设基准线。在此基础上，对各主要工程进行定位和标高引测，并设置坐标和标高的控制点，埋设半永久控制桩。

3. 材料准备

① 公司经营部负责对本工程所需的全部材料进行分类统计并交给材料部和项目部。

② 项目部根据施工进度计划和施工方案负责编制供应计划，交给材料部。

③ 材料部负责材料的采购运输工作，按时提供合格的材料给项目部。材料部预先考评供应商，着重考评质量方面、供货能力、价格及社会信誉。优先选择重质量、守信誉的长期合作方。

4. 人员培训

人员培训包括管理人员培训计划和施工人员培训计划。

三、主要施工技术措施及方法

（一）施工测量

具体内容本书略。

（二）土方工程

具体内容本书略。

（三）基础施工

具体内容本书略。

（四）油罐制作安装

油罐制作安装施工及验收依据《立式圆形钢制焊接油罐施工及验收规范》和设计图纸进行施工。

1. 基础检查及验收

按设计文件技术规范检查合格后，办理基础验收手续。

2. 构件预制

包边角钢弯制定型后，用弧形样板检查间隙不得大于 2mm/2m，翘度不超过长度的 0.1%，且不大于 4mm。

3. 罐底组装

底板搭接宽（40±5）mm，对接接头间隙（5±1）mm。

4. 罐壁组装

具体内容本书略。

5. 罐顶组装

具体内容本书略。

6. 附件安装

具体内容本书略。

7. 焊接前准备

① 油罐施焊前应进行焊接工艺评定，采用对接焊缝试件以及 T 形角焊试件，试验结果应符合《压力容器焊接工艺评定》标准。

② 油罐焊接，对参加油罐焊接的焊工进行考核，参加施焊的焊工应按《现场设备、工业管道焊接工程及验收规范》焊工考试的有关规定项目考核并应合格。

③ 焊机要满足焊接工艺的要求。

④ 焊条质量要符合规范要求，运到现场要妥善保管，使用前要进行烘干（350～400℃恒温烘干 1～2h）。

8. 焊接施工

（1）总体要求　引弧和熄弧都应在坡口内或焊道口，每段定位焊缝不宜小于 50mm，坡口及两侧 20mm 内无油污、水分、铁锈、泥沙等污物，焊接中要保证焊道始端和终端质量。始端应采用后退起弧法，终端应将弧坑填满，多层焊的层间接头应错开。当风速超过 8m/s 或大气相对湿度超过 90％时，不得施焊。

（2）焊接顺序

① 幅板先焊短缝再焊长缝，焊缝初层采用分段退焊或跳焊法。

② 边缘板先焊靠外 300mm 部位，先焊接完边缘板再焊接边缘与中幅之间的收缩缝。

③ 对于弧形边缘板初层焊缝焊工应均匀分布，对称施焊。

④ 收缩缝隙第一层采用分段或跳焊法。

⑤ 罐底罐壁角焊应在底圈壁板纵缝隙焊完后再施角焊，并由几对焊工从内、外同时沿同一方向进行分段焊接，初层焊缝应分段退焊或跳焊。罐壁焊接应先焊纵向焊缝，后焊环向焊缝，焊工均匀分布，并沿同一方向施焊。壁板所有焊缝成形至少两遍。

（3）罐顶焊接

① 先焊内侧焊缝，再焊外侧焊缝，径向的长焊缝宜采用隔缝对称施焊方法，并由中心向外分段退焊。

② 顶板与包边角焊接时，焊工应对称分布，沿同一方向分段退焊。

（4）焊缝修补

① 超过 0.5mm 深的划痕、弧坑、裂纹、焊疤，应打磨补焊。

② 焊缝内部超标缺陷修补要清除后刨槽，返修后再进行探伤，并应达到合格标准。修补长度不应小于 50mm，同一部位返修不宜超过 2 次，当超过 2 次时，须经施工技术总负责人批准。

（5）检查验收　具体内容本书略。

9. 焊缝无损检测

具体内容本书略。

10. 罐体几何尺寸检查

具体内容本书略。

11. 灌水试验

具体内容本书略。

12. 油罐制作安装工艺

（1）施工方法　本油罐制作安装采用倒装法施工，焊好底板后从罐顶组装开始，逐层向下一层罐壁组装至罐底层，最后与底板连接完成整个油罐组装。

油罐吊装采用桅杆逐层顶升拼装油罐的方法进行。

（2）注意安全事项　具体内容本书略。

（3）施工顺序

① 开料、预制、拼焊底板。

② 拼焊最后一圈壁板和包边角钢。

③ 拼焊顶板与顶圈壁板组成钟罩，装施转吊臂。

④ 安装葫芦、电焊机。

⑤ 拼装壁板。

⑥ 葫芦顶升各圈壁板，同时协调升罐平稳。升到位时校正、点焊，拆除葫芦涨圈后进行焊接。

⑦ 重复步骤⑤、⑥直至底层，组装罐体完毕。

⑧ 安装附件。

⑨ 充水试验。

⑩ 焊缝无损检测（在升罐前完成）。

四、施工进度计划及保证措施

① 施工进度计划。

② 施工进度保证措施。

③ 组织落实。

④ 计划落实。施工前组织有关人员根据本工程的情况和要求将施工进度表进行细化，编制详细的施工作业计划，直接指导施工，并将作业计划落实到施工班组，确保计划期内的工程项目和实物工程按期完成。

⑤ 技术方案落实。组织公司内有关钢结构专业设计人员对原设计图纸进行细化设计，这是保证本工程如期开工的最基本条件。按各分项工程编制专项施工方案，制定科学的流水作业方案，合理安排流水段、步距和流水节拍，进行详细的施工技术交底、安全交底和工期交底。

⑥ 将项目以书面形式落实到相应班组上，落实经济责任制，并组织班组进行技术安全交底，熟悉有关图纸，学习施工规范、规程。

⑦ 机具、材料、人员落实。施工使用的机具按计划进场就位，使用过程中做好机具的保养工作，保证机具设备能正常工作。提前制定好材料计划，联系合格供应商，按计划采购。按各专业分项组织各专业施工人员，并提前做好施工人员的培训交底工作，特殊工种人员持证上岗。

⑧ 加强综合平衡调度工作。运用网络技术，综合平衡调度人力、物力，用科学方法组织施工，合理安排各交叉施工工序作业（简称流水作业），加快施工进度。

五、主要资源进场计划

1. 劳动力计划

劳动力计划见表 7-3。

表 7-3　劳动力计划

工种、级别	工程施工阶段投入劳动力			
	基础等	罐体制作安装	防腐工程	备料
泥水工	5			
砼工	10			
钢筋工	4			
木工	5			
铆工		8		
焊工		6		
电工		2		
钻工				
车工		2		
钳工		2		
焊工		8		
起重工		2		
搭架工		2		
防腐工			6	
其他	5	3	2	
管理人员	2	2	1	

2. 主要施工机械进场计划

主要施工机械进场计划见表 7-4。

表 7-4　主要施工机械进场计划

名称	型号或规格	额定功率/kW	生产能力	数量	制造日期及产地	是否使用过	自有或租赁	拟进场日期	主要用途
油罐顶升装置	ϕ133mm		满足要求	5	2003 年中国	是	自有	开工前一天	安装
卷板机	19mm×3200mm	128	满足要求	3	1999 年中国	是	自有	开工前一天	制作
自动坡口机	Z30	1	满足要求	6	2006 年中国	是	自有	开工前一天	制作
空气压缩机	3W-0.9/7	5	满足要求	3	2002 年中国	是	自有	开工前一天	制作安装
发电机组	435HP/320W	1540	满足要求		2001 年中国	是	自有	开工前一天	制作安装
超声波测厚仪	SCH-890		满足要求	2	2002 年中国	是	自有	开工前一天	制作
钻床	ϕ30mm		满足要求	1	2005 年中国	是	自有	开工前一天	制作
汽车式起重机	QY-25T	213	满足要求	1	2005 年中国	是	租赁	开工前一天	制作安装
汽车式起重机	QY-16T	180	满足要求	2	2004 年中国	是	租赁	开工前一天	制作安装
汽车	DF-5T	165	满足要求	5	2001 年中国	是	自有	开工前一天	制作安装
电动卷扬机	JJM-3	360	满足要求	4	2000 年中国	是	自有	开工后十天	安装
交流焊机	BX3-300	300～500A	满足要求	18	2002 年中国	是	自有	开工前一天	制作安装
直流焊机	AX4-300	300～500A	满足要求	15	2005 年中国	是	自有	开工前一天	制作安装
逆变焊机	ZX7-400	300～630A	满足要求	10	2000 年中国	是	自有	开工前一天	制作安装
X射线探伤机	XXα-2005		满足要求	2	2000 年中国	是	自有	开工前一天	制作安装
经纬仪	J2-1	10kV	满足要求	1	2000 年中国	是	自有	开工前一天	整个项目
水准仪	DSZ3-2		满足要求	2	1999 年中国	是	自有	开工前一天	整个项目
磁力探伤机	LJS-D		满足要求	1	1998 年中国	是	自有	开工前一天	制作安装

六、施工管理措施

（一）施工组织及管理体系保证措施

① 项目经理部将依据项目发包方要求和公司对项目的规划做出决策，具体制定和实施总体方针目标，包括工期、质量、安全等，项目经理部将接受本公司的目标考核。

② 按照公司项目管理组织条例，项目经理部将在公司总部的控制和协调下进行工程的施工管理。

③ 项目经理部组织机构。

④ 项目管理体系：运行公司通过认证的质量、环境、职业健康安全管理体系。

⑤ 项目管理方法：运用目标管理和全面质量管理。

⑥ 管理职能的界定：实行管理职能的决策层、监控层、执行层三权分离，分工协作、互相监督、各负其责的管理方法。

⑦ 项目工作安排的原则：对外项目发包人优先，对内施工现场优先。

⑧ 施工管理原则：质量为本，安全第一，质量保进度，安全保生产，主动管理，严格执行。全面控制，信息反馈及时，资料齐全有效。

⑨ 技术管理原则：技术为龙头，预控预防；细致实用，指导监督，优化创新，追求精品。

⑩ 安全管理原则：分级控制，统一管理，预防为主。

⑪ 质量管理原则：以人的工作质量控制工程质量，分级控制；分段监督，统一申报。

（二）质量保证措施

1. 质量保证的检测及试验措施

项目部在现场采取各种切实可行的方法和手段进行测试、检验，同时按照设计要求和施工规范及有关标准的规定，现场取样送试验站及有关部门进行各种检测项目的试验，试验合格后方可进行钢筋的加工制作与安装，以及隐蔽工程的验收，并做好资料整理存档工作，以确保工程质量。

2. 质量控制程序

（1）质量目标

① 合同范围内的全部工程的所有使用性能均能符合设计图纸要求及国家颁发的施工验收规范和质量评定标准的规定。

② 单位工程达到合格等级，争创优良工程。分部分项工程达到检验标准：合格率100%，优良率不低于50%。

（2）特殊工序、关键工序控制

① 测量放线（关键工序）：包括建筑物轴线的定位及标定，基础顶标高超平放线的工作一定要严把质量关。

② 油罐制作安装的焊接施工（特殊工序）：焊接作业人员要持证作业，焊接施工要按施工方案和作业指导书进行施工，无损检测要按设计和规范要求进行。

（3）基础施工的质量保证措施　具体内容本书略。

3. 施工过程的质量控制

① 实施全面质量管理，现场建立定期施工技术与质量分析会议制度，积极开展质量管理小组活动。坚持百年大计，质量第一，在工程质量管理中，实行奖罚制度，严格把好质量关。

② 专职质检员实行跟班质量监督，发现问题及时处理，对有不按设计要求、施工验收规范、操作规程及施工方案和有损工程质量的行为，有权停止施工并限期整改，实行质量否决权制度。

③ 把好施工中制作、测量、试验关，施工技术人员、管理人员要切实做好工程任务和技术交底工作，交底内容包括工程任务单、数量、工数、完成时间，使用材料，操作要点、工程质量要求以及安全注意事项，并在施工中认真检查执行情况。

④ 施工前要进行书面交底，施工中把好三检关，明确土建、安装等交叉施工责任制，土建安装紧密配合施工。

⑤ 对影响工程质量的关键工序及特殊工艺，在施工前编制好作业指导书，用以指导现场施工，提高工程质量。

⑥ 所有采购的钢材、水泥必须有出厂合格证和试验报告，材料进场前进行取样检验，经检验合格后方可使用。

⑦ 结构施工应及时与建施、水施、电施以及机电安装等密切配合，本工程的地脚螺栓较多，因此，应认真检查。

⑧ 虚心听取建设单位、监理公司和质监站的意见，积极配合，同心协力，共同把好质量关，并为检查验收提供方便，认真按建设单位和监理单位的驻场人员的意图进行施工。

⑨ 加强各种材料的检验和试验工作，委托有资质的技术力量雄厚的实验室做好检验和试验工作。并由专职试验员负责砼试件制作、养护以及预拌砼坍落度的测试。

⑩ 加强工程资料管理，设专职资料员进行收集、整理。

4. 使用过程的质量控制

① 及时回访：工程交付使用后，组织施工人员到建设单位调查访问，听取用户对工程质量的意见。

② 由于施工造成的质量问题，在保修期内提供无偿保修，并分析原因，为进一步改进施工质量提供依据。

5. 资料管理措施

为了加强施工生产管理，保证工程质量，在施工现场由资料员用资料柜按分类整理并保管好如下资料。

① 施工方案、图纸会审、设计变更。

② 质量、安全、技术交底记录，安全教育、学习资料。

③ 施工日志。

④ 材料出厂合格证，试验报告，产品认证书。

⑤ 竣工图纸、隐蔽工程验收记录、设备试运行记录。

⑥ 检验批、分项工程质量检验评定表。

⑦ 进货验收记录，过程不合格品通知单，质量整改通知单。

⑧ 特种作业上岗证（复印件）。

⑨ 资料管理制度（具体内容本书略）。

6. 罐体制作质量保证措施

① 所用的钢材必须有出厂合格证及原始资料，同时要求进厂的钢材必须经检查合格后方可使用。

② 选择性能良好，使用功能齐全的加工设备。

③ 焊条应具有出厂合格证或材质报告，要求电焊条使用前应用烘干箱进行烘干，使用埋弧焊接选用的焊丝及焊剂必须与所用的母材相配套。

④ 罐体外表面需进行抛丸除锈，要求除锈后 24h 之内涂上底漆，底漆采用涂刷，要求保证油漆的漆膜厚度满足设计要求。

⑤ 所有操作人员必须严格按技术、质量、安全交底内容执行，要求焊接人员必须持证上岗。

⑥ 焊缝按设计图纸要求进行无损检测，检测等级要达到设计要求。

⑦ 为保证制作精度，构件下料时要预放收缩量，预放量视工件大小而定，一般工件在 4～6mm，重要的较大较长的工件要预放 8～10mm。

⑧ 制定合理的焊接顺序是必不可少的，当有多种焊缝需要施焊时，应先焊收缩变形较大的焊缝，后焊变形较小的焊缝。

7. 安装质量保证措施

① 开工前必须对基础纵横轴线及水平标高、外形尺寸进行复验，合格后方可施工。

② 施工前必须进行技术交底。

③ 施工时特殊工种上岗人员必须持证上岗。

④ 测量仪器必须经过计量检定，合格的仪器方可投入使用。

⑤ 施工中坚持三检（自检、互检、专业检）制度，严格工序质量检验。

（三）降低成本措施

材料是工程项目的主要开支，对材料的使用实行强化管理，必须按设计图纸要求及有关规程、规范合理使用材料。

① 凡是工地所需要的材料，材料部门根据工程预算组计算的工程量及套用的材料用量，按工地进度计划发放材料。

② 采购材料须经质量部门同意，务求材料质量符合要求，按样本验收材料。

③ 材料员收料必须有工长在内二人以上按详实量或点数验收签证。

④ 工地上使用的材料要精打细算，回收和利用边角料。

⑤ 厂房构件钢材下料事先优化，总体进行选料，尽量与钢材厂家协商按照材料计划的规格尺寸进行进货。

⑥ 厂房各构件运至现场，严格按照构件平面布置图进行摆放，防止发生二次倒运。

⑦ 各工种要有专人管理质量，出现不符合质量的及时整改，避免事后返工而造成材料浪费的损失。

⑧ 对节约用材料的班组进行奖励，浪费材料的折价赔偿或罚款处理。

⑨ 工地上的材料如需调出要凭公司材料部门出具的调拨单才允许运出工地。

⑩ 节约能源。工地每天夜间由工长轮流值班至深夜十二点，负责检查工地有无长明灯和长流水等浪费现象。

（四）施工安全保证措施

1. 安全生产管理措施

结合《建筑安装工程安全技术规程》、《建筑安装工人安全技术操作规程》、《施工现场临时用电安全技术规范》、《建筑施工高处作业安全技术规范》的具体内容，根据不同施工过程、不同工种进行教育培训。主要在思想上提高安全生产法制观念的认识，杜绝违章指挥、违章作业的现象。

① 凡是进入施工现场的人员必须戴安全帽，禁止穿拖鞋或赤脚。

② 脚手架全部采用钢管搭设，不得钢木脚手架混用。

③ 高空作业必须系安全带，穿胶鞋，必要时要配对讲机。

④ 安全网采用合格厂家的定型产品，并进行定期检查。

⑤ 电工作业时，必须穿绝缘胶鞋。

⑥ 焊工作业时必须穿绝缘胶鞋，戴绝缘手套和电焊保护面罩。

⑦ 加强机电控制系统的管理，要有绝对保证，必须一机一闸一保护，并有安全措施。

⑧ 加强"三口四井五邻边"的安全防护。

⑨ 必须对施工人员进行三级安全教育和安全交底工作，项目部与管理人员和班组签订落实安全责任制，实行施工生产安全一票否决制。

2. 临时用电安全

① 临时用电按规范的要求做好施工组织设计（方案），建立必要的作业档案资料，对现场的线路及设施定期检查，并将检查记录存档备查。

② 临时配电线路按规范架设整齐。架空线采用绝缘导线，不能采用塑料软线，不能成束架空敷设或沿地面明显敷设。施工机具、车辆及人员应与线路保持安全距离，如达不到规范规定的最小距离时，应采用可靠防护措施。变压器、配电箱均搭设防护栅及设置围挡。

③ 施工现场内设配电系统必须实行分级配电，各类配电箱，开关箱的安装和内部设置均应符合有关规定，箱内电器完好可靠，其选型、定位符合规定，开关电器标明用途。配电箱和开关箱外观完整、牢固、防雨、防尘，箱体外涂安全色标，统一编号，箱内无杂物，停止使用的配电箱切断电源，箱门上锁。

④ 独立的配电系统按部颁标准采用三相五线制的接地接零保护系统，非独立系统根据现场实际情况，采取相应的接零或接地保护方式。各种设备和电力施工机械的金属外壳、金属支架和底座按规定采取可靠的接零接地保护。在采用接地和接零保护方式的同时，设两级漏电保护装置，实行分级保护，形成完整的保护系统。漏电保护装置的选择符合规定。吊车等高大设备按规定装设避雷装置。

⑤ 手持电动工具的使用符合国家标准的有关规定。工具的电源线、插头和插座完好，电源线不得任意接长和调换，工具的外接线完好无损，维修和保管设专人负责。

⑥ 施工现场所用的 220V 电源照明，按规定布线和装设灯具，并在电源一侧加装漏电保护器，灯体与手柄坚固绝缘良好，电源线使用橡胶套电缆线，不准使用塑料线，装修阶段使用安全电压。

⑦ 电焊机单独设开关，电焊机外壳做接零接地保护，一次线长度小于 5m，二次线长小于 30m，两侧接线应压接牢固，不能用脚手架、钢构件、轨道及结构钢筋作为回路地线，焊线无破损，绝缘良好，电焊机要配备防潮防雨、防砸设施。

⑧ 罐内照明要使用 36V 的安全电压作为电源。

3. 机械安全

① 对现场所有的机械进行安装、使用检测，并做好自检记录，并进行每月不少于两次的定期检查。

② 打夯机两人操作，操作人员戴绝缘手套和穿绝缘胶鞋，操作手柄采取绝缘措施，夯机停机要切断电源，严禁在打夯机运转时清除积土。

③ 圆锯的锯盘及转动部分安装防护罩，并设置保险挡、分料器，凡长度小于 50cm、厚度大于锯盘半径的木料严禁使用圆锯。破料锯与横截锯不能混用。平面刨（手压刨）安全防护装置灵活、齐全有效。

④ 吊索具使用合格产品，钢丝绳根据用途保证足够的安全系数，凡表面磨损、腐蚀、断丝超过标准的，断股、油芯外露的不得使用。要有防止脱钩的保险装置吊运大模板、钢筋时用卡环，卡环在使用时，应使销轴和环底受力。

4. 施工现场消防保卫措施

① 建立健全消防保卫管理体系，设专人负责，统一管理，切实做到"安全第一预防为主"。根据施工现场的实际情况，编制有效的消防预案，对义务消防人员组织定期的教育和培训，熟练掌握防火、灭火知识和消防器材的使用方法。

② 施工现场的消防道路要畅通，建立严格的用火用电及易燃易爆物品管理制度，加强夜间值班和巡逻，排除火灾隐患。

③ 施工现场的消火栓要有明显标志，并配备足够的消防用具，随结构设两道直径大于等于 80mm 的消防立管，同时配置加压水泵。

④ 要加强各队组施工人员的管理，掌握人员数量，签订治安消防协议，非施工人员不得住在施工现场，特殊情况要经保卫部门负责人批准。

⑤ 料场、库房的设置要符合治安消防要求，经常检查料具管理制度的具体落实情况。

⑥ 现场要设有明显的防火宣传标志，每月对职工进行一次治安、防火教育，每季度开一次治保会，培训义务消防队，定期组织保卫防火工作检查，建立保卫防火工作档案。

⑦ 电工、焊工从事电气设备安装和电、气焊切割作业要有操作证和动火证。动火前，要清除附近易燃物，配备看火人员和灭火用具，用火证当日有效，动火地点变换应重新办理用火证手续。施工现场应设置吸烟区。

（五）文明施工措施

具体内容本书略。

（六）环境保护措施

① 噪声影响的控制。

② 防止水污染措施。

③ 防止空气污染措施。

④ 生活卫生措施。

⑤ 垃圾控制措施。

（七）确保工程按期完成的措施

① 严格执行施工组织设计中施工总进度计划的要求，使有关的施工管理人员明确各分项工程施工的工期目标。

② 本计划考虑的是分段均衡流水，要求在各施工段必须按工程量的变化去适当调节劳动力。

③ 水电安装的预埋及留孔工作随土建施工穿插进行，主要工作要先于土建完成，杜绝土建完工后再打洞、凿孔现象。处理好安装与土建的协调关系，做到结构与安装同步进行，尽量少占工期。

④ 加强生产计划管理，以施工总进度计划为依据，按月编制生产进度计划，并相应提出完成本月计划的有关措施。各专业施工队按此进度计划另编制详细作业计划。

⑤ 以施工总进度计划和施工流水为依据，编制分项工程进度计划，明确各专业工种的工序搭接，解决好穿插作业的矛盾。

⑥ 在进度计划的执行过程中，通过落实技术组织措施，有效地施工组织，确保人员调配、材料供应、机械配置、资金调拨、施工准备满足计划周期内的需要。现场项目经理部跟踪、检查计划的实施情况，及时反馈信息、再采取相应措施。

⑦ 向施工班组下达任务时，同时提出时间要求，并把是否按期完成分项工程作业计划作为考核指标。

⑧ 确保材料供应。按分期作业施工计划及时编制材料供应计划，对于市场紧俏的材料、配件、外协加工配件应充分估计订货、采购、加工和运输的时间环节。提前落实材料供应计划，杜绝停工待料的现象发生。

⑨ 机械设备的维修和保养均由专人负责，并备足配件，确保施工机械的正常使用。

⑩ 加强生产调度，现场建立调度会制度，每周一次调度例会，协调各专业工种的配合，检查各项工程的施工进度质量、安全措施等的落实情况。

⑪ 尽可能采用先进合理的施工工艺，避免制作错误延误工期。

⑫ 切实做好基础锚栓预埋，避免因预埋件偏差影响施工质量。

⑬ 构件、材料全部采用汽车运输，并委派专人负责，确保运输安全。

⑭ 施工作业中，多个工作面协同作业，集中劳动力资源优势，确保工期按计划完成。

（八）冬、雨季施工措施

① 冬季施工措施，具体内容本书略。

② 雨季施工措施，具体内容本书略。

（九）成品保护措施

具体内容本书略。

（十）地下管线及其他地上地下设施的加固措施

具体内容本书略。

（十一）保修期内保修承诺和保修措施

具体内容本书略。

七、临时设施布置及临时用地

1. 临时设施布置

具体内容本书略。

2. 临时用地

临时用地表见表7-5。

表 7-5　临时用地表

用途	面积/m²	位置	需用时间/天
现场加工场地	800	罐区旁	55
临时仓库	100	罐区旁	55
临时材料堆场	300	罐区旁	55
砼搅拌站	15	罐区旁	25
现场办公室	60	罐区附近	55
职工宿舍	120	罐区附近	55
门卫室	8	罐区入口处	55
其他生活设施（如卫生间、食堂等）	120	职工宿舍附近	55
合计	1523		

第四节 焊接安装项目预算及生产定额

完成焊接安装项目任务，实现预期的经济目标，需要消耗人力资源、材料、机械设备、技术和资金等各种资源。这些资源的消耗是构成焊接安装项目成本的主要组成。企业必须编制安装预算，严格控制上述资源的消耗量，控制焊接安装成本，才有可能在完成安装项目后盈利。

一、预算

预算是指在生产前，根据焊接安装项目图纸以及拟采用的安装方法，把所需消耗的各种资源折算成金钱，计算完成该焊接安装项目所需的成本。

常用的预算方法有单价法、实物量法和综合指标法。

（一）单价法

单价法又称预算定额法，即将安装项目按性质、部位划分为若干个分项工作，各分项工作费用由该分项工作的劳动量或工程量分别乘以相应的定额单价求得，而定额单价则由所需的人工、材料、机械台班的数量分别乘以相应的人、材、机价格求得，再按有关规定加上相应的有关费用（其他直接费、间接费、企业利润）和税金后构成预算价格。

我国一直使用这种单价法来预测造价。

1. 焊接安装项目定额

焊接安装项目定额是指企业在一定的生产技术组织条件下，为完成一定的焊接生产任务，对人力、物力、财力的消耗、利用或占用所规定的数量标准。它反映了一定时期的焊接生产水平。

焊接安装项目定额的类型很多，按我国现行管理体制和执行范围划分，有全国统一定额、全国行业定额、地方定额、企业定额。焊接安装项目定额按用途又可分为预算定额、生产定额、资金定额等。其中生产定额又称劳动定额，一般都是在企业内部使用的组织生产和管理所依据的技术文件。

定额的制定是与具体的生产技术组织条件有密切联系的。即定额是与生产的各项要素，如劳动水平（工人的技术等级、文化素质等）、劳动对象（原材料的特点和特性）和劳动工具（机械设备、工艺装备）等紧密相关的。焊接生产定额的制定是编制焊接生产计划的依据，是科学地组织焊接生产的手段。

2. 焊接安装项目预算定额编制依据

焊接安装项目预算编制的依据主要有以下几项。

① 生产图纸。

② 预算定额，多数焊接结构生产的定额可套用建设部批准的《全国统一安装工程预算定额》。

③ 地区定额站批准的材料预算价格（信息价），主要包含材料供应价格、材料市内运杂费以及场外运输损耗、采购和保管费等。

④ 单价估价表，根据现行的预算定额、地区工资标准、地区材料预算价格、机械台班费以及水、电、动力资源价格等来编制，它是预算定额在该地区的具体表现形式，也是该地区编制工程预算最直接的基础资料。

⑤ 与定额相配套的工程量计算规则，如 GYDGZ-201—2000《全国统一安装工程预算工

程量计算规则》。

⑥ 国家或省市规定的各类取费标准。

⑦ 生产组织设计（施工方案）或技术组织措施等。

⑧ 工具书和有关手册，可利用常用数据、计算公式进行金属材料的换算。如钢材、管材按图纸计算出长度、面积或体积，须换算成质量，才能套用预算单价。

⑨ 合同或协议，发包和承包双方签订的合同（或协议）有关条款规定，也是编制预算的依据之一。例如，是否采取施工图预算加系数包干。

3. 预算费用的组成

预算费用主要由分部分项工程直接工程费、措施费、管理费、利润、其他项目费、规费和五项税费七大部分组成。

（1）分部分项工程直接工程费　指直接用于生产上的，并能区分和直接计入产品价值中的各种费用。包括人工费、材料费、施工机械使用费和其他直接费用。

① 人工费　指直接从事安装工程生产的工人开支的全部费用，包括基本工资、工资性补贴、辅助工资、福利费和劳动保护费等。

② 材料费　指安装过程中耗用的构成工程实体的原材料、辅助材料、构配件、零件、半成品的费用和周转使用的材料（或租赁）费用。内容包括材料原价、材料运杂费、运输损耗费、采购及保管费、检验试验费等。

③ 施工机械使用费　指项目安装机械作业所发生的机械使用费以及机械安拆费和场外运输费。施工机械台班单价应由折旧费、大修理费、经常修理费、安拆费及场外运费、人工费、燃料动力费和养路费及车船使用税七项费用组成。

（2）措施费　指为完成工程项目安装，发生于该工程安装前和安装过程中非工程实体项目的费用，包括技术措施费和其他措施费。

① 技术措施费：分为通用项目技术措施费和专业项目技术措施费两类。

其中通用项目技术措施费包括脚手架费、施工排水费、降水费、已完成工程及设备保护费、二次搬运费、大型机械设备进出场及安拆费等。

专业项目技术措施费包括组装平台、设备管道施工安全、防冻和焊接保护措施、压力容器和高压管道的检验、现场安装围栏等措施费。

② 其他措施费：包括环境保护费、文明施工费、安全施工费、临时设施费、雨季工期增加费、夜间施工增加费、特殊保健费、室内空气污染测试费、停工窝工损失费、机械台班停滞费、交叉施工补贴、暗室施工增加费和其他施工组织措施费等。

（3）管理费　指安装企业组织施工生产和经营管理所需的费用，包括管理人员工资、办公费、差旅交通费、固定资产使用费、工具用具使用费、劳动保险费、工会经费、职工教育经费、财产保险费、税金（企业按规定缴纳的房产税、车船使用税、土地使用税、印花税等）以及其他费用（包括技术转让费、技术开发费、业务招待费、绿化费、广告费、公证费、法律顾问费、审计费、咨询费等）。

（4）利润　指施工企业完成所承包工程获得的盈利。

（5）其他项目费　包括预留金（招标人为可能发生的工程量变更而预留的金额）、总承包服务费（分为总分包管理费和总分包配合费）、优良工程增加费、预算包干费、零星工作项目费等。

（6）规费　指政府和有关权力部门规定必须缴纳的费用，包括工程排污费、工程定额测定费、社会保障费（养老保险费、失业保险费、医疗保险费）、住房公积金、危险作业意外伤害保险费。

（7）五项税费　指国家税法规定的应计入安装工程造价内的营业税、城市维护建设税、教育附加费、地方教育附加费、地方防洪保安费等。

4. 预算方法步骤

① 熟悉图纸及相关文件，包括说明、技术要求、目录等内容，熟悉所采用的生产标准。

② 熟悉施工组织方案（或生产方案）。

③ 熟悉预算定额单价表的内容和使用方法，学习工程量计算规则。

④ 计算工程量。

必须按照相应工程量计算规则所制定的计算方法来进行工程量计算。各分项工程应按定额项目的顺序，循序逐项进行计算，避免重复或遗漏。在计算焊接结构生产工程量时，应按生产施工主要过程划分。焊接结构生产过程可分为制作、无损检测、热处理、压力试验、现场安装等。计算单位以物理单位（如立方米、吨）或自然单位（如个）且必须与工程量计算规则的规定相符合。

5. 编制工程预算书

① 将各分项计算出的工程量，按照顺序逐项填入工程量计算表。

② 按照工程量，套用相应定额单价表的单价，计算出各项目的直接费用。

③ 根据施工组织设计，计算其他直接费、独立费。

④ 汇总直接费。

⑤ 按照当地所规定的取费费率计算施工管理费、利润和税金。

（二）实物量法（成本计算估价法）

实物量法是按具体的生产条件和生产组织设计，对生产过程进行资源配置而编制造价文件的一种方法。这是目前国际上，特别是英国、美国等发达国家普遍采用的预算编制方法。

1. 实物量法基本原理

实物量法预测造价，是根据确定的生产工序、生产工艺方法及劳动组合，计算各种资源（人、材、机）的消耗量，用当时当地的资源预算价格乘以相应资源的数量，求得完成项目生产任务的基本直接费用。其他费用的计算可与定额法类似，而费率由各企业根据生产施工方案分析确定。

实物量法的基本原理可以用公式来表示：

项目预算直接费＝材料费合计＋人工费合计＋机械费合计＋外购件费用合计＝$\sum$（工序工程量×材料预算耗用量×当地当时材料预算价格）＋$\sum$（工序工程量×人工预算耗用量×当时当地人工工资单价）×$\sum$（工序工程量×机械预算耗用量×当地当时机械台时或台班单价）＋$\sum$（外购件数量×当地当时外购件单价）

2. 实物量法计算的一般步骤

（1）直接费分析

① 以产出物为界定标准确定项目活动，如封头制作、筒体制作、封头与筒体的装配等。

② 确定各项目活动所包含的工序，如筒体制作包括划线、切割、卷圆、焊接和检验等。

③ 确定各工序加工方法，如同身纵缝的焊接采用埋弧焊。

④ 根据所要求的生产进度确定每个工序的生产强度，据此确定设备和劳动力的组合。

⑤ 根据生产施工进度计算出人、材、机的总数量。

⑥ 人、材、机总数量分别乘以相应的基础价格，计算该生产项目的总直接费用。

（2）间接费分析　间接费也称间接成本，包括生产管理费用、准备工作费用、财务费用（贷款利息）等。间接费用分析根据整个焊接生产项目的生产规模以及生产规划、工期，确定生产管理机构和人员设置、车辆配置，并根据间接费包括的内容（如办公费、办公设备等）计算生产管理费。

（3）承包商加价分析　根据结构施工特点和承包商的经营状况、市场竞争状况等因素，具体分析确定承包商的总部管理费、中间商的佣金以及承包人不可预见费、利润和税金。

（4）项目风险分析　根据生产项目规模、结构特点以及劳动力、设备材料等市场供求状况，进行项目风险分析，确定不可预见准备金。

（5）项目总成本　是直接费、间接费、承包商加价三部分之和，再加上类似实物量法分析求出的施工生产准备的费用、有关公共费用、保险及不可预见准备金等。

3. 实物量法编制造价的关键

实物量法编制造价的关键是生产施工规划，因为该法是针对每个具体生产项目"逐个量体裁衣"，在施工图设计深度满足需求的前提下，关键在于能否编制出一个切合实际的生产施工规划。这个规划又称为施工组织设计。

（三）综合指标法

1. 指标（理论）估价法

根据各制造厂或其他有关部门收集来的各种类型的非标准设备制造或合同价格资料，经过统计分析后综合平均得出每吨产品的价格，再根据这个价格进行估价的方法称为指标估价法。

（1）指标估价法的优点

① 应用范围广，一般工程均可采用，当无详细设备制造价时，亦可采用此法估价。

② 方法简单，适应性强。只要有实际制造资料或订货合同价格，均可求出理论估价数据。

③ 数据简单，估价速度快。

（2）指标估价法的缺点

① 当调查不周时，准确程度较差。

② 没有反映出市场信息和动态因素的影响。

2. 系列（或类似）产品插入估价法

在系列（或类似）机电产品中，只有一个或几个产品没有价格时，可根据其邻近的价格用插入法求出补充价格。插入法就是在该系列产品中，找出它邻近的比它稍大的和比它稍小的产品价格及其相应的质量，将大小两种类似产品的价格平均求出每吨价格指标后，再乘以所求产品质量即可。

（1）计算公式

$$P=(P_1/Q_1+P_2/Q_2)/2$$

或

$$P=(P_1+P_2)Q/(Q_1+Q_2)$$

式中　P——拟计算的设备价格，元/台；

Q——拟计算的设备质量，t；

Q_1，Q_2——拟计算的设备相邻的设备质量（$Q_1<Q<Q_2$），t；

P_1，P_2——Q_1，Q_2 相对应的设备价格，元/台。

（2）优点

① 计算简单、方便、速度快。

② 用于系统标准设备中的非标准设备估价，具有一定的准确度。

（3）缺点

① 应用范围小。

② 适应性差。

二、生产定额

（一）简述

生产定额是生产项目中各项具体工作的成本控制标准。前面介绍的国家或地区预算定额虽然也可以作为生产定额使用，但由于其共性太强，与实际生产消耗有较大偏差，因此，很多企业都自行编制企业内部使用的生产定额，以便开展项目成本控制。

（二）定额编制方法

目前国内企业使用的生产定额的编制方法主要有如下几种。

1. 技术测定法

技术测定法即深入生产现场，应用计时观察和材料消耗测定的方法，对各工序进行实际测量、查定、取得数据，然后对这些资料进行科学的整理分析，拟定成定额。这种方法有较充分的科学依据，但工作量较大，适用于产品结构简单、经济价值大的生产项目。

2. 统计分析法

统计分析法是根据生产实际中的工、料、台时消耗和产品完成数量的统计资料，经科学分析、整理，剔去不合理的部分后，拟订成定额。

3. 调查研究法

调查研究法是和参加施工生产的老工人、班组长、技术人员座谈讨论，利用他们在生产实践中积累的经验和资料，加以分析整理而成定额。

4. 计算分析法

计算分析法大多用于材料消耗定额和一些机械的作业定额。

第五节　某地方安装工程定额说明及取费费率

一、某省安装工程取费费率

1. 总说明

① 本定额是根据《建设工程工程量清单计价规范》（GB 50500—2003）、《建筑工程施工发包与承包计价管理办法》（建设部令 107 号）和建设部、财政部《关于印发〈建筑安装工程费用项目组成〉的通知》（建标［2003］206 号）及有关法律、法规、规章规定，按照"政府宏观调控、企业自主报价、市场竞争形成价格"的改革目标，结合本省的实际情况进行编制的。

② 本定额适用于本省范围内的建筑工程、装饰装修工程、安装工程、园林绿化工程，与本区颁发的相应工程消耗量定额配套执行。

③ 本定额是编制设计概算、施工图预算、竣工结算、招标标底、调解处理工程造价纠纷、鉴定工程造价的依据，是衡量投标报价合理性的基础。

④ 为了加强建设工程安全生产、文明施工管理，保障施工从业人员的作业条件和生活环境，防止施工安全事故的发生，保证安全和文明施工措施落实到位，文明施工费和安全施工费作为不可竞争费用，环境保护费和临时设施费不能低于费率区间。

⑤ 规费、税金是政府和有关部门规定必须缴纳的费用，应按本定额规定执行。养老保险费由本省建设厅劳动保险费机构统收统支，调配使用。定额编制费和劳动定额测定费由本省建设工程造价管理总站按税前工程造价的 0.13% 向施工单位收取。

⑥ 费用的计价程序和计算规则应按本定额规定执行，取费费率除规定以外均属指导性范畴，具体费率按有关规定取定。

⑦ 本定额中凡注明有"××以内"或"××以下"者，均包括其本身；"××以外"或"××以上"者，均不包括其本身。

⑧ 本定额由本省建设工程造价管理总站负责解释与管理。

2. 安装工程取费费率

① 安装工程施工组织措施费费率见表 7-6。

表 7-6　安装工程施工组织措施费费率

编号	项目名称	计算基数	费率或标准
1	环境保护费	分部分项人工费总和	0.30%～0.50%
2	文明施工增加费	分部分项人工费总和	2.00%
3	安全施工增加费	分部分项人工费总和	4.50%
4	临时设施费	分部分项人工费总和	6.00%～8.00%
5	夜间施工增加费	夜间施工人工工日总和	8.00 元/工日
6	雨季施工增加费	分部分项人工费总和	5.00%
7	检验测试费	按实际计	
8	交叉施工补贴	交叉部分人工工日	4.00 元/工日
9	机械台班滞费	签证停滞台班×机械停滞台班费	系数 1.10
10	停工窝工人工补贴	停工窝工人工工日	16.00 元/工日
11	特殊保健费	厂区(车间)内施工项目的定额人工费	厂区:10.00%;车间:20.00%
12	暗室施工增加费	暗室施工人工费	25.00%
13	缩短工期增加费	分部分项人工费总和	4.00%～7.00%
14	其他	按实际发生	

注：1. 雨季施工增加费只适用于露天作业工程。

2. 检验测试费是指必须委托有资质的检测机构进行检测的费用。

② 安装工程其他项目取费费率见表 7-7。

表 7-7　安装工程其他项目取费费率

编号	项目名称	计算基数	费率/%
1	优良工程增加费	分部分项工程量清单计价合计＋措施项目清单计价合计(或分部分项费用计价合计＋措施项目费用计价合计)	2.00～3.00
2	预算包干费		3.00～5.00
3	总承包服务费	分包工程合同价	0～5.00
4	预留金	按预计发生数估算	
5	零星工作项目费	按预计发生数估算	
6	其他项目	按实际发生	

③ 安装工程管理费及利润费率见表 7-8。

表 7-8 安装工程管理费及利润费率

编号	项目名称	计算基数	管理费率/%	利润费率/%
1	水、电、暖通、非标、炉窑	分部分项人工费总和	36.00～60.00	12.00～22.00
2	工艺管道	分部分项人工费总和	53.00～87.00	12.00～22.00
3	机械设备、热力设备	分部分项人工费总和	28.00～47.00	12.00～22.00
4	安装修缮	分部分项人工费总和	30.00～50.00	12.00～22.00

④ 安装工程规费费率见表 7-9。

表 7-9 安装工程规费费率

编号	费用项目名称		计算基数	费率/%				
				水电、暖通、非标、消防、炉窑	工艺管道	机械设备、热力设备	安装修缮	
1	养老保险费		分部分项工程量清单计价合计＋措施项目清单计价合计＋其他项目费合计(或分部分项工程费合计＋措施项目费合计＋其他项目费合计)	2.43	1.95	6.11	1.95	
2	工程定额测定费			0.13	0.13	0.13	0.13	
3	其他	工程排污费		2.22	0.06	1.83	0.06	4.97	0.06	1.83	0.06
		失业保险费			0.24		0.19		0.61		0.19
		医疗保险费			0.97		0.78		2.44		0.78
		住房公积金			0.64		0.49		1.53		0.49
		危险作业意外伤害保险			0.31		0.31		0.33		0.31

二、某地方安装工程消耗量定额举例

该定额的批准部门为某省建设厅，施行日期为 2009 年 9 月 1 日，主编单位为该省建设工程造价管理总站。

以下仅以静置设备与工艺金属结构制作安装工程为例加以说明。

1. 本部分定额说明

本章定额是以施工企业所属的设备制造厂的加工条件为基础编制的。

本章定额适用于碳钢、低合金钢、不锈钢Ⅰ类和Ⅱ类金属容器，塔器，热交换器的整体、分段、分片制作，以及容器、塔器、热交换器的人孔、手孔、接管、鞍座、支座、地脚螺栓、设备法兰等的制作与装配。

本部分定额内的容器、塔器、热交换器制作主体项目均不包括以下内容。

① 接管、人孔、手孔、鞍座、支座的制作与装配。

② 各种角钢圈、支承圈及加固圈的煨制。

③ 地脚螺栓的制作。

④ 胎具的制作、安装与拆除。

⑤ 设备附设的梯子、平台、栏杆、扶手的制作安装。

⑥ 压力试验与无损探伤检验。

⑦ 预热、后热与整体热处理。

下述内容可按外购件另计。

① 平焊法兰、对焊法兰、弯头、异径管、标准紧固件、液面计、电动机、减速机等。

② 塔器浮阀、卡子。

③ 未列入国家、省、市产品目录，以图纸委托加工的铸件、锻件及特殊机械加工件。

定额中金属容器、塔器、热交换器的金属材质是分别以碳钢、低合金钢、不锈钢的制造工艺进行编制的。除超低碳不锈钢按不锈钢定额基价乘以系数 1.35 调整外，其余材质不得调整定额基价。如设计采用复合钢板时，按复合层的材质执行相应定额项目。

设计结构与定额取定的结构不同时，按下列规定计算。

① 金属容器制作

a. 当碳钢、不锈钢平底平盖容器有折边时，执行椭圆形封头容器相应定额项目；当碳钢、不锈钢锥底平盖容器有折边时，执行锥底椭圆封头容器的相应定额项目。

b. 无折边球形双封头容器制作，执行同类材质的锥底椭圆封头容器的相应定额项目。

c. 碟形封头容器制作，执行椭圆封头容器相应定额项目。

d. 矩形容器按平底平盖定额乘以系数 1.1。

e. 金属容器的内件已按各类容器综合考虑了简单内件和复杂内件的含量。除带有角钢圈、筛板、栅板等特殊形式的内件，执行填料塔相应定额项目外，其余不得调整。

f. 夹套式容器按内外容器的容积分别执行本定额相应项目并乘以系数 1.1。

g. 当立式容器带有裙座时，应将裙座的金属重量并入容器本体内计算。

h. 当碳钢椭圆双封头容器设计压力 $PN>1.6\mathrm{MPa}$ 时，执行低合金钢容器相应项目；当不锈钢椭圆双封头容器设计压力 $PN>1.6\mathrm{MPa}$ 时，定额乘以 1.1。

i. 若封头是购买成品，则容器制作中封头的重量不扣除，定额人工乘以系数 0.9，同时扣除相应定额内的油压机机械台班。

② 塔器制作

a. 塔器内件采用特殊材质时，其内件另行计算。

b. 碳钢塔的内件为不锈钢时，则内件价格另计，其余部分执行填料塔相应项目，定额乘以系数 0.9。

c. 当塔器设计压力 $PN>1.6\mathrm{MPa}$ 时，按相应定额乘以系数 1.1。

d. 组合塔（两个以上封头组成的塔）应按多个塔计算，塔的个数按各组段计算，并按每个塔段重量分别执行相应定额项目。

③ 热交换器制作

a. 定额中热交换器的管径均按 $\phi25\mathrm{mm}$ 考虑，若管径不同时可按系数调整。当管径小于 $\phi25\mathrm{mm}$ 时，乘以系数 1.1；当管径大于 $\phi25\mathrm{mm}$ 时，乘以系数 0.95。

b. 热交换器如要求胀接加焊接再焊胀时，按胀接定额乘以系数 1.15。

c. 当热交换器设计压力 $PN>1.6\mathrm{MPa}$ 时，按相应定额乘以系数 0.8。

本章容器、塔器、热交换器基价未含主材，其各结构组成部件主材利用率规定本书略。

2. 本部分工程量计算规则

① 金属容器、塔器、热交换器的容积是指按制造图尺寸计算（不考虑制造公差）以"m³"为计量单位，不扣除内部附件所占体积。金属净重量是指以制造图示尺寸计算的金属重量，以"t"为计量单位。

② 金属容器、塔器、热交换器的设备重量，以"t"为计量单位，不扣除开孔割除部分的重量；不包括外部附件（人孔、手孔、接管、鞍座、支座）和内部防腐、刷油、绝缘及填充物的重量。塔器的工程量应包括基础模块的重量。

表 7-10　塔器制作定额表

定额编号		03050165	03050166	03050167	03050168	03050169	03050170
项目		质　量					
		<2t	<5t	<10t	<15t	<20t	<30t
基价/元		7610.19	6458.43	4859.04	3662.58	3401.75	3265.00
人工费/元		2018.80	1939.10	1432.09	1120.28	1034.68	992.24
材料费/元		1348.75	1257.15	1125.43	827.12	766.03	723.69
机械费/元		4242.64	3262.18	2301.52	1715.18	1601.04	1549.07
名称	单位	消耗量					
人工	安装综合工日（二类，单价 41.00 元）　工日	49.239	47.295	34.929	27.324	25.236	24.201
材料	钢板（厚度 20mm，单价 4.20 元）　kg	26.080	19.610	16.140	11.440	10.550	10.480
	钢管（φ70mm，单价 4.73 元）　kg	—	—	—	—	—	1.010
	电焊条结 422（综合，单价 7.8 元）　kg	20.940	20.140	19.090	11.780	11.210	10.820
	合金钢电焊条(单价8.15元)　kg	23.700	21.580	12.250	3.900	3.780	3.550
	合金钢埋弧焊丝(单价9.60元)　kg			3.390	7.590	7.600	7.670
	碳钢埋弧焊丝(单价5.00元)　kg			0.320	0.560	0.650	0.670
	埋弧焊剂(单价5.00元)　kg	—	—	5.570	12.280	12.380	12.520
	氧气(单价3.29元)　M³	25.110	21.420	14.640	13.810	12.990	12.170
	乙炔气(单价14.85元)　kg	8.370	7.140	4.880	4.600	4.330	4.060
	尼龙砂轮片（φ100mm，单价 3.50 元）　片	12.020	11.420	10.800	8.990	7.180	7.020
	尼龙砂轮片（φ150mm，单价 3.80 元）　片	5.320	5.160	5.060	5.010	4.910	4.810
	尼龙砂轮片（φ500mm × 25mm×4mm，单价11.50元）　片	0.040	0.040	0.010	0.010	0.010	0.010
	碟形钢丝砂轮片（φ100mm，单价 19.00 元）　片	1.450	1.400	1.020	0.770	0.620	0.610
	炭精棒(单价0.68元)　根	30.900	28.320	23.460	19.550	18.270	16.980
	石墨粉(单价0.89元)　kg	0.140	0.140	0.110	0.110	0.110	0.110
	方木(单价1100.00元)　m³	0.450	0.450	0.430	0.250	0.220	0.190
	道木(单价850.00元)　m³	0.010	0.010	0.010	0.010	0.010	0.010
	木柴(单价0.34元)　kg	1.420	1.420	1.420	1.420	1.230	1.230
	焦炭(单价0.50元)　kg	14.200	14.200	14.200	14.200	12.280	12.280
	钢丝绳(φ15mm，单价7.02元)　m	0.720	0.360	0.200	0.170	—	—
	钢丝绳(φ17.5mm，单价9.28元)　m	—	—	—	—	0.170	0.050
	钢丝绳（φ19.5mm，单价 11.74 元）　m	—	—	—	—	—	0.100
	其他材料费　元	48.262	45.691	43.205	33.675	31.465	29.748

续表

	名称	单位	消耗量					
机械	直流弧焊机（功率 32kW，单价 98.51 元）	台班	10.370	9.950	6.630	3.980	3.860	3.490
	自动埋弧焊机（电流 1500A，单间 281.63 元）	台班	—	—	0.150	0.350	0.350	0.350
	电焊条烘干箱（80cm×80cm×100cm，单价 51.76）	台班	1.040	1.000	0.660	0.400	0.390	0.350
	恒温箱（单价 65.80 元）	台班	1.040	1.000	0.660	0.400	0.390	0.350
	半自动切割机（厚度 100mm，单价 88.68 元）	台班	0.210	0.210	0.210	0.230	0.230	0.230
	剪板机（厚度 20mm，宽度 2500mm，单价 188.23 元）	台班	0.390	0.380	0.360	0.230	0.230	0.230
	砂轮切割机（ϕ500mm，单价 42.48 元）	台班	0.050	0.050	0.020	0.020	0.020	0.010
	钢材电动煨弯机（弯曲直径 500～1800mm，单价 118.56 元）	台班	0.060	0.040	0.030	0.020	0.010	0.010
	卷板机（板厚 20mm，宽度 2500mm，单价 1884.44 元）	台班	0.290	0.180	0.180	0.150	0.150	0.140
	刨边机（加工长度 9000mm，单价 418.31 元）	台班	0.050	0.050	0.050	0.090	0.090	0.090
	中频煨管机（160kW，单价 151.28 元）	台班	0.08	0.080	0.070	0.070	0.060	0.06
	普通车床（ϕ630mm×1400mm，单价 85.16 元）	台班	0.030	0.020	0.010	0.010	0.010	0.010
	摇臂钻床（钻孔直径 25mm，单价 20.22 元）	台班	—	—	—	—	0.010	0.010
	摇臂钻床（钻孔直径 63mm，单价 66.93 元）	台班	0.060	0.060	0.030	0.020	0.010	0.010
	台式钻床（钻孔直径 16mm，单价 7.51 元）	台班	0.100	0.100	0.100	0.070	0.070	0.060
	电动滚胎（单价 126.92 元）	台班	0.890	0.890	0.890	0.790	0.790	0.790
	汽车式起重机（提升质量 8t，单价 532.74 元）	台班	0.200	0.030	0.020	0.010	0.020	0.020
	汽车式起重机（提升质量 12t，单价 690.78 元）	台班	—	0.100	0.050	0.030	0.020	
	汽车式起重机（提升质量 16t，单价 8 元）	台班	0.410	0.210	0.110	—	—	—
	汽车式起重机（提升质量 20t，单价 978.25 元）	台班	—	—	—	0.080		
	汽车式起重机（提升质量 25t，单价 1094.08 元）	台班	—	—	—	—	0.060	0.040
	汽车式起重机（提升质量 40t，单价 1699.47 元）	台班	—	—	—	—	—	0.050
	电动双梁起重机（提升质量 15t，单价 303.41 元）	台班	1.930	1.700	1.340	0.940	0.840	0.820
	门式起重机（提升质量 20t，单价 544.81 元）	台班	0.460	0.290	0.270	0.230	0.220	0.200
	电动葫芦（单速提升质量 3t，单价 39.08 元）	台班	0.030	0.020	0.010	0.010	0.010	0.010

名称		单位	消耗量					
机械	电动卷扬机(双筒慢速牵引力 30kN,单价 97.23 元)	台班	0.240	0.140	0.080	0.070	0.060	0.060
	载货汽车(装载质量 5t,单价 333.51 元)	台班	0.170	0.100	0.050	0.030	0.020	—
	载货汽车(装载质量 10t,单价 511.19 元)	台班	0.030	0.030	0.030	0.010	0.020	0.020
	平板拖车组(装载质量 15t,单价 676.69 元)	台班	0.210	0.100	0.060	—	—	—
	平板拖车组(装载质量 20t,单价 799.85 元)	台班	—	—	—	0.040	0.030	0.020
	平板拖车组(装载质量 40t,单价 1152.83 元)	台班	—	—	—	—	—	0.020
	油压机(800t,单价 1685.43 元)	台班	0.480	0.290	0.160	0.130	0.110	0.090
	箱式加热炉(RJX-75-9,单价 220.45 元)	台班	0.480	0.290	0.160	0.130	0.110	0.090
	电动空气压缩机(排气量 6m³/min,单价 226.98 元)	台班	1.340	1.000	0.680	0.430	0.420	0.390

③ 外购件和外协件的重量应从制造图的重量内扣除,其单价另行计算。

④ 计算材料消耗量时,应以金属净重量区分各结构组成部分的材质,按定额规定的主材利用率分别计算。

⑤ 鞍座、支座制造,按制造图纸的金属净重量,以"t"为计量单位。

⑥ 人孔、手孔、各种接管按图纸规定的规格、设计压力制作,以"个"为计量单位。

⑦ 设备法兰按设计压力、公称直径制作,以"个"为计量单位。

⑧ 地脚螺栓按螺栓直径制作,以"个"为计量单位。

3. 塔器制作案例表(7-10)

低合金钢(碳钢)填料塔的工作内容:放样号料、切割、坡口、压力卷弧、椭圆封头、锥体、裙座制作、组对、焊接、分配盘、栅板、喷淋管、吊柱制作、塔体固定件的制作组装、成品倒运堆放等。

第八章
焊接生产管理人员岗位职责

一、焊工岗位职责

① 做到持证上岗。普通焊工要持有电焊工上岗证，压力容器或压力管道焊工应持有压力容器操作焊工证。

② 听从各上级部门的领导和指挥。

③ 遵守劳动纪律，不迟到、不早退、不旷工。

④ 尽快熟悉本工位的焊接产品图纸、工艺卡、特点，按工艺卡的要求调节焊接参数，提高劳动生产率，降低产品的次品率和废品率。

⑤ 节约使用焊接材料，降低生产成本。

⑥ 做到文明生产，进入车间或工作现场要戴安全帽，工作前按有关规定穿戴好劳保用品。

⑦ 做到安全生产，工作时严格执行有关安全操作规章制度。

⑧ 积极学习新设备、新工艺、新焊材，保证思想和技能不落伍。

⑨ 积极参加车间或班组召开的质量研讨会，努力提高产品的质量和生产效率。

⑩ 积极参加车间或班组召开的成本研讨会，努力降低产品的成本。

⑪ 积极参加厂部或车间举办的焊工操作技能大赛，努力提高自身的焊接水平。

⑫ 积极参加车间或班组举办的劳动生产竞赛，努力提高产品的质量和生产效率。

⑬ 不断学习，提高自身的焊接理论与操作水平。

⑭ 每天按规定认真填写好"工作日志"。

⑮ 每天下班前打扫好本工位的卫生。

⑯ 发生事故或发现事故隐患要立即向上级报告。

⑰ 严格按《设备管理制度》的要求做好自己使用的焊机以及其他辅助设备的维护保养工作。

二、班组长岗位职责

① 听从车间主任的领导以及本厂技术、安全、设备部门的管理。

② 注意生产安全，对本班组的新员工先进行安全教育后，方可准许其上岗。

③ 注意本班组的安全生产，要求本班组成员工作时严格执行有关安全操作规章制度。

④ 注意本班组的文明生产，要求本班组成员进入车间或工作现场要戴安全帽，工作前按有关规定穿戴好劳保用品。

⑤ 发生事故或发现事故隐患要立即向上级报告。

⑥ 每天对本班组成员的纪律进行考核。

⑦ 充分了解本班组人员的性格特点、技能水平，合理安排本班组人员的工作班次和工

作任务，使生产率达到最佳状态。

⑧ 做好带头表率作用，带领本班组成员尽快熟悉本工位的焊接产品图纸、工艺卡、特点，按工艺卡的要求调节焊接参数，提高劳动生产率，降低产品的次品率和废品率。

⑨ 定期召开本班组的质量研讨会，探讨在不增加成本的前提下提高产品质量的措施，努力提高本班组产品的质量和生产效率。

⑩ 定期召开本班组的成本研讨会，探讨在不降低产品质量前提下降低产品成本的措施，努力降低本班组产品的成本。

⑪ 带领本班组成员开展各种技能比赛活动，提高本班组成员的焊接操作技能。

⑫ 对新进场员工安排好指导师傅，帮助其尽快熟悉业务。

⑬ 及时准确掌握上级下达的生产计划，并把生产计划及时分配给本班组各人员。

⑭ 根据生产计划提出材料需用计划，并及时上报车间主任。

⑮ 当本班组生产量大幅提高时，及时将需增加的工种类型以及人数上报车间主任。

⑯ 配合设备维修部门定期对焊接设备进行维修保养。

⑰ 设备有故障时及时向维修部门报修。

⑱ 认真执行交接班制度，进行班前班后的安全检查工作，做好班组的自检工作，禁止班组人员的违章作业。

⑲ 按月、季、半年、全年对本班组各项生产指标、质量指标、安全指标完成情况进行考核统计，并以报表或文件的形式上报。年底提交年终总结报告。

⑳ 指导焊工严格按工艺规程操作，积极参与质量管理、技术革新活动。

㉑ 下班前保持所辖区域的卫生，关闭所有的水源、电源、气源。

㉒ 协助相关部门定期做好盘点工作。

㉓ 安排熟练焊工协助工艺技术部门进行焊接工艺评定试焊工作。

㉔ 协助有关部门做好新设备、新工艺、新材料的试用工作。

㉕ 定期把本班组生产情况（如产量、质量事故、违纪情况等）以看板形式公布。

㉖ 定期召开班组质量分析会，努力提高产品的质量和效率。

㉗ 根据本班组成员任务完成情况及质量、事故情况，进行薪酬分配和发放工作。

㉘ 每天按要求填写好"工作日志"。

㉙ 协助车间主任考核拟聘用人员。

㉚ 完成车间主任安排的其他临时工作。

三、仓库管理员岗位职责

1. 仓库主管岗位职责

① 对上级领导负责，同时负责向下属传达及监督下属执行公司各项规章制度及上级指示情况。

② 负责所管辖仓库的防火防盗工作。

③ 负责对仓库管理员进行教育培训及月度考勤，负责考核、评定、激励员工的工作。

④ 负责对仓库现场的管理工作，监督仓库员工执行仓库工作流程情况。

⑤ 负责对仓库物资的收发存放管理和安全消防管理工作。

⑥ 编制仓库管理工作计划，调配本部门人员日常工作。

⑦ 负责仓库上报财务核算和统计核算管理工作。

⑧ 对物资装卸过程进行督促与管理。

⑨ 指导物资的保管存放，监控物资的发放及使用情况。

⑩ 负责监控仓库的主、辅料及其他物品品种和数量，及时上报，避免采购部重复或超量采购。

⑪ 定期组织并检查仓库盘点工作，做到账目卡物相符。

⑫ 加强进仓货物的验收和出库货物的清点管理。

⑬ 核实仓管员（仓库管理员的简称）递交的仓库库存报告。

⑭ 审核所有与仓库有关的单据，做到防漏报、防重报，避免公司资金损失。

⑮ 做好对进出库物品的接收和汇总报表，及时交到本厂的生产部门。

⑯ 有对下属仓管员的推荐、考核和评价权。

⑰ 协调仓库与各部门的工作关系。

⑱ 按计划搞好各时段的盘点工作。

⑲ 处理仓库的其他事宜。

2. 仓库管理员岗位职责

① 直接对仓库主管负责。

② 上岗后第一时间应对仓库的门、窗及各库区存放的物资进行巡查，发现异常立即报告。

③ 每天下班前对各库区的门、窗等进行检查，确认防火、防盗等方面确无隐患后才可离岗下班。

④ 保持库内卫生。

⑤ 检查仓库区内外的防火设施，定期检查库房是否漏雨，发现问题要立即整改并向主管报告。

⑥ 对到库物资的装卸接收和物资发放工作负责。货物出入仓时，依据进仓单、提货单核准出入物品的名称、批号、数量，准确及时地收发货，收发完毕后，应立即填写挂在货堆上的货卡并立即入账。

⑦ 对本公司或外加工厂的入库产品进行验收核对，发现任何异常必须及时上报。

⑧ 接收并保存好物资入库的原始凭证等资料，对物资的进仓原始资料的整理保管工作负责。

⑨ 建立物资出入库和库存台账。

⑩ 收发货后相关的单据应迅速分发到相关部门。

⑪ 有权拒绝闲杂人员翻阅有关物资库存资料。仓库员应妥善保管单据和账本，平时应上锁，节假日加封条。

⑫ 按时做好库存报告报表并向仓库主管递交。

⑬ 按计划搞好各时段的盘点工作，确保账物相符。

⑭ 完成上级安排的临时工作。

⑮ 每天填写"仓库日志"。

四、焊接工艺工程师岗位职责

1. 技术改造时焊接工艺工程师的工作（和车间主任一道配合设计单位）。

① 根据预定的生产能力，确定开工班数，计算人工工时、设备台时后，确定各工种的人数、主要生产设备台数，进而确定生产设备的投资费用。

② 根据设备台数，确定各生产车间需要的面积。进行生产设备选型，确定生产设备的

主要技术参数。

③ 确定各生产车间需要的水、电、气点及所需量。

④ 设备进厂后，和车间相关人员一道，对设备进行安装调试，确保设备达到生产条件。

2. 生产正常进行时焊接工艺工程师的工作

① 对焊接结构进行焊接工艺评定，编制焊接工艺卡。

② 在生产过程中对焊接结构的焊接工艺设计进行完善和改造，以提高产品质量，降低成本。

③ 帮助焊接车间的焊工及时熟悉图纸以及各种工艺规范，确保焊接生产的质量和生产率。

④ 对焊工进行焊接理论知识和操作技能培训，提高他们的素质和技能。

⑤ 定期检查焊接车间执行焊接工艺和检验规程的情况，发现不按规范进行生产的现象要及时纠正。

⑥ 编制焊接企业内部焊接工艺标准和管理规程。

⑦ 按企业有关制度要求对企业内部焊工的技能进行考核及评定工作。

⑧ 与其他技术服务工程师一起处理好客户投诉的技术问题。

⑨ 指导及配合设备科人员进行焊接设备的定期检修、维护和保养工作。

⑩ 参与焊接技术革新工作。

⑪ 每天按要求填写好"工作日志"。

五、车间主任岗位职责

焊接车间主任的工作职责在项目建设期和生产期两个阶段有所不同。

（一）项目建设期

1. 设计阶段

焊接车间处于项目建设期时，焊接车间主任的主要任务是与厂部的技术改造部门一道，配合设计单位，进行下述工作。

① 根据本厂（本焊接车间）的预定生产能力，确定本焊接车间的开工班数，进行人工工时、设备台时计算，从而确定各工种的工人数（含辅助生产人员数），主要生产设备（焊机）、大型切割设备、辅助生产设备（如剪板机、冲床、钻床、吊车、叉车等）的台数，进而确定生产设备的投资费用。

② 根据预定生产能力以及计算出来的各类设备台数，确定本焊接车间需要的面积。

③ 估算出本焊接车间的投资金额。

④ 进行生产设备选型，确定生产设备的主要技术参数，以便厂里相关部门进行设备采购。设备进焊接车间后，焊接车间主任和厂里技术部门一道，对设备进行安装调试，确保设备达到生产条件。

⑤ 根据本焊接车间产品的生产流程，结合焊接车间前、后产品（或半成品）的相互关系，确定焊接车间工艺流程图，该流程图能确保本焊接车间内部物流及工序顺畅，从而达到提高生产效率、降低生产成本的目的。

⑥ 确定本焊接车间需要的水、电、压缩空气点及所需量。

2. 建设阶段

① 配合施工单位、设计单位进行厂房建设、水电气安装、配合设备供货商对各类生产设备到位安装调试。

② 根据厂部制定的聘用人员制度，按照已计算出的各工种的工人数，配合厂部人力资源部，在合适的时间招聘员工，确定焊接车间班组长人数及人选在正式投产前对工人进行必要的培训。

③ 在项目建设期间，严格执行国家或地方的安全法律法规以及厂部的安全规章制度，确保建设安全。

（二）正式生产期

焊接车间进入正式生产期后，焊接车间主任的主要任务如下。

① 制定本焊接车间内部的各项规章制度，做到制度完备、制度上墙。

② 确保本焊接车间安全及文明生产，包括对员工定期进行安全、文明生产教育，使工人能遵守劳动纪律及执行焊接工艺操作规程，按图样、工艺、标准认真操作。确保进入焊接车间的人员都能按要求穿戴好劳保用品。

③ 掌握本车间常见安全隐患应急处理预案，在厂部安全部门组织下定期进行安全隐患应急处理预案演练。

④ 对上岗前的新员工进行焊接车间级、班组级安全教育，确保新员工能有足够的安全生产意识。确保特种作业从业人员持证上岗，如焊工要有电焊工操作证，电工要有电工操作证、吊车司机要有起重机操作证等。

⑤ 负责设置本焊接车间的岗位、定员、人员分配、班组长任用。有权对不合格工人进行调换工作岗位或辞退。

⑥ 负责或配合有关部门对本车间员工进行技能培训和文化素质培训，不断提高职工整体素质。

⑦ 根据厂部对设备管理的要求，做好设备维护保养工作，定期组织保养检查，以确保设备在生产过程中能完好无缺。定期对本车间生产设备进行检修、维护和保养，以确保生产设备在生产期正常运转。

⑧ 按厂部的年生产计划、季生产计划、月生产计划、周生产计划，分解并制定出本焊接车间的年生产计划、季生产计划、月生产计划、周生产计划。这些计划中，包括原材料、焊接材料品种、数量以及需要进场时间，各工种工人数量，运输工具数等。确保本焊接车间的生产进度能符合厂部总体进度的要求，不影响厂部总体生产计划的实施和完成。

⑨ 根据生产计划提出材料需用计划及资金需用计划，及时上报厂部。

⑩ 负责本车间的生产统计工作，按时提交年终总结或项目总结。

⑪ 负责本焊接车间质量计划指标的分解和实施。负责本焊接车间产品生产过程中的质量控制。负责本焊接车间产品质量的稳定和提高。当生产过程中出现重大的设备、技术、质量等问题时，要及时上报厂部，并配合厂部有关部门进行调查及处理。

⑫ 负责焊接车间的生产成本控制，达到降低损耗、提高效益的目的。

⑬ 在本车间现有条件下，科学合理地规划生产现场，合理安排各种生产设备，合理安排各工种人员，使生产现场井然有序、道路畅通、安全文明生产。

⑭ 提前做好上班准备工作，下班后监督值日员工搞好车间环境卫生、设备保养、安全等检查工作。

⑮ 负责本车间各岗位人员的合理调配以保证生产的正常进行。

⑯ 负责建立自查制度，对生产全过程进行监控。

⑰ 参与验证及再验证工作，并负责制定相应工作计划及实施细则。

⑱ 负责固定资产、低值易耗品、库存原辅材料等资产的盘点对账、清点核资。

⑲ 若产品有旺季、淡季之分，则对不同的生产季节的用人进行周密合理的计划，确保旺季人员充足，淡季人员不浪费。

⑳ 组织本车间人员或配合有关部门对本焊接车间的现有焊接工艺进行改进，以提高生产率、降低成本。

㉑ 组织本车间人员或配合有关部门研究解决生产过程中存在的工艺技术和质量问题。定期主持召开生产作业例会，安排布置车间生产。

㉒ 负责对本车间人员的检查、监督和考核。按每月考核结果，负责对本车间人员的薪酬进行分配和发放工作。

㉓ 负责对本车间的文件进行规范管理。

㉔ 配合厂部迎接上级相关部门的各项检查，参与全种生产许可证（如压力容器制造资格证）的验证工作。

㉕ 对新产品进行焊接工艺试验，确定合理的焊接工艺，制定相应的焊接工艺卡。

㉖ 业余时间组织本车间员工开展各种文体活动，增强凝聚力。

㉗ 当原材料不符合生产要求，可能出现质量事故或安全事故时，有权停止生产，并及时上报厂部相关部门。

㉘ 当生产过程中出现异常的质量事故时，及时会同相关部门分析原因，及时处理。

㉙ 每天按要求填写好"工作日志"。

六、生产副厂长岗位职责

① 领导编制本厂的长远发展规划，提出各时期工厂的奋斗目标和中心工作及重大措施方案，使企业不断增强活力，开拓前进。

② 制定本厂年度生产经营综合计划，编制年、季、月度生产计划和平时作业、设备维修计划，组织实施，并及时进行监督、检查、协调、考核。

③ 加强生产经营管理，不断提高企业管理素质，确保全面完成任期责任目标和年度方针目标，不断提高本厂经济效益。

④ 领导全厂进行技术革新，对本厂进行挖潜、革新、改造和新品开发，不断提高企业的技术素质，努力赶超国内外先进水平。

⑤ 实行全面质量管理，坚持"质量第一"、"用户至上"的方针，确保产品质量稳定提高，满足用户需求，不断争创名牌。

⑥ 切实做好环境保护和劳动保护工作，不断改善劳动条件，保证安全文明生产。

⑦ 加强职工文化技术教育，促进知识更新，不断提高工人的素质。

⑧ 坚持"用人唯贤"的方针，正确选拔和培养各级干部。

⑨ 贯彻"各尽所能，按劳分配"的原则，正确地处理集体及职工之间的利益关系，使职工收入逐年增长，集体福利条件不断改善。

⑩ 主持行政全面工作，使生产行政各项重大问题得以及时处理。

⑪ 密切配合营销部门，确保产品合同顺利签订和履行。

⑫ 审定技术管理标准，编制生产工艺流程，审核新产品开发方案，并组织试生产，不断提高产品的市场竞争力。

⑬ 抓好生产安全教育，加强安全生产的控制、实施，严格执行安全法规、生产操作规

程，定期监督检查，确保安全生产，杜绝重大火灾、设备损坏和人身伤亡事故的发生。

⑭ 重视环境保护工作，抓好劳动防护管理和制定环保措施计划。

⑮ 加强管理，确保工厂各部门和人员职责、权限规范化，建立质量管理体系。

⑯ 抓好生产统计分析报告。定期进行生产统计分析、经济活动分析报告会，总结经验，找出存在问题，提出改进工作的意见和建议，为公司领导决策提供专题分析报告或综合分析资料。

⑰ 负责做好生产设备、计量器具维护检修工作。结合生产任务，合理地安排生产设备、计量器具计划。

⑱ 负责做好生产调度管理工作。强化调度管理、严肃调度纪律，提高一线管理人员生产专业知识和业务管理水平，平衡综合生产能力，合理安排生产作业时间，平衡用电，节约能源。

⑲ 抓好生产管理人员的专业培训工作。负责组织对质检员、车间管理人员、统计员、焊工等进行业务指导和培训工作，并对其业务水平和工作能力定期检查、考核、评比。

⑳ 贯彻、执行本厂的成本控制目标，积极减少本厂的各种成本。确保在提高产量、保证质量的前提下不断降低生产成本。

㉑ 组织生产、设备、安全、环保等制度制定、执行、检查、监督、控制工作，并及时编制年、季、月度生产统计报表。认真做好生产统计核算基础管理工作，重视原始记录、台账、统计报表管理工作，确保统计核算规范化、统计数据的正确性。

㉒ 注重企业文化的培养。

㉓ 负责全厂生产的整体策划与开发工作，及时掌握企业销售方向和市场供求信息。

㉔ 负责全厂各部门管理人员的工作协调与管理，加强其组织能力、技术指导和思想教育工作，以身作则，严明公正，全面要求。

㉕ 领导工厂各部门的日常生产活动，定期召开有关会议，发现问题、分析原因，采取有效措施，确保生产正常运转。负责各部门的生产秩序与生产纪律的监督检查工作。

㉖ 负责全厂的环境卫生、生产安全的监督检查工作。

㉗ 负责全厂员工的选拔培训、绩效考核的监督审核工作，不断提高全厂员工的综合素质。

㉘ 负责员工离职手续、新进员工入职手续的审核工作。

㉙ 负责组织召开并主持各部门的生产、安全、质量会议，及时落实有关政策，加强管理。

㉚ 负责建立情报信息小组，及时收集同行企业资料，不断开发新产品，增强企业竞争力。

七、实际案例

（一）某汽车厂现场装配工艺员岗位描述

1. 岗位名称

岗位名称为现场装配工艺员。

2. 隶属部门

隶属于技术科。

3. 岗位目的

为提高车间的装配、调整、检测技术水平，在公司和车间制造工艺流程及管理体系指导下，独立完成车间的整车装配技术及现场装配、调整、检测工艺的工作。

4. 主要职责

装配工艺员的主要职责见表 8-1。

表 8-1　装配工艺员的主要职责

主要职责描述	主要职责衡量标准	主要工作依据	工作量估算	工作权限
负责编制装车清单	清单及时性和准确性	相关技术文件	30%	有权修改工艺文件，对完整、准确、统一性负责；有权检查工艺纪律执行情况，并提出考核意见；有权对工装设备提出改进工艺要求和建议
负责接收并转化技术文件，编制车间内部工艺文件，指导装车	工艺文件准确性和可执行性	相关技术文件	30%	
负责工艺纪律检查，落实具体整改计划	工艺纪律合格率	相关工艺管理制度及流程	15%	
负责生产过程中现场问题的处理	问题点数及处理情况	相关工艺管理制度及流程	20%	
及时完成上级领导和科室交办的其他临时工作	工作完成率	上级领导的指示	5%	

5. 主要例行工作

① 日：清单编制，现场问题处理、沟通和协调，编制工艺文件，相关部门会议。

② 周：周工作小结及下周计划。

③ 月：工艺检查并落实整改计划，月工作总结及下月工作计划。

④ 年：年终工作总结及下一年度的工作计划。

6. 岗位任职资格

(1) 知识方面

① 专业知识：掌握汽车构造；了解汽车安全性与法规；了解底盘设计；了解机器装配工艺；了解汽车电器；掌握汽车结构拆装；了解机械公差、配合与技术测量；了解物流系统管理。

② 相关知识：了解现代汽车制造工艺学；掌握机械制图；了解计算机辅助设计；了解汽车理论；了解机械设计原理与方法；了解汽车发动机原理；掌握汽车工程学基础。

③ 公司知识：了解本公司在行业地位、竞争优势；了解本公司业务流程；了解本公司员工管理政策；掌握本公司发展战略；了解本职种业务流程（操作历程、工作流程等）；了解企业价值观要求；掌握本公司发展历史、里程碑；了解本公司管理层人员及其职责范畴；了解本公司组织机构；了解本部门组织结构。

(2) 经验方面

① 专业经验：学历要求本科，专业要求理工类或管理类。相关专业领域工作年限不少于三年；本公司工作年限不少于两年。

② 专业资格：初级专业技术资格。

(3) 技能方面

业务运作能力：了解产品装配工艺；基本了解产品结构和装配技术条件；了解装配工艺管理程序；了解装配工艺装备的基本性能。

此外，还应注意以下几方面要求：注重诚信和法理，追求利益最大化；客户至上；跨职能协作（沟通能力、团队合作、大局观）；创新意识；年龄、身体。

（二）某汽车厂工段长岗位描述

1. 岗位名称

岗位名称为工段长。

2. 隶属部门

隶属于底盘一工段/底盘二工段/内饰工段/调试工段/二线工段。

3. 岗位目的

为确保整车装配质量、生产安全和交付时间，在现有生产模式和管理体系的指导下，组织本工段的生产、质量、现场和安全管理工作，满足商用车质量标准和交付时间。

4. 主要职责

工段长的主要职责见表 8-2。

表 8-2 工段长的主要职责

主要职责描述	主要职责衡量标准	主要工作依据	工作量估算	工作权限
组织本工段的生产、质量和安全管理工作	生产、安全、质量指标达成率	车间下达的各项任务	30%	对本工段的生产、质量、现场、安全工作有监督、指导、检查、考核权；对工段业务计划和管理流程的制定有决策权
组织本工段的员工管理	员工绩效评价	公司职责管理相关规定	15%	
组织本工段的现场管理和方针管理	GK、方针诊断得分	NPW、DCPW 理念	15%	
制定本工段业务计划并组织实施	车间计划达成率	车间下达的管控指标	10%	
控制本工段各项 KPI 指标（关键业绩指标）的达成	车间 KPI 指标达成率	车间下达的管控指标	15%	
参与组织本工段资产盘点工作，协助做好资产管理工作	实物成本相符率	实物成本分析相关规定	5%	
参与工艺质量分析及工艺质量项目改进工作	整车达成质量目标	产品工艺文件、汽车质量管理相关标准	5%	
参与工艺质量培训	符合、支持业务计划书	汽车相关标准	5%	

5. 主要例行工作

① 日：组织本工段生产、安全、质量、现场工作。

② 周：协调工段各项工作、拟定制度及阶段性工作的落实执行情况。

③ 月：控制各项指标完成情况，开展方针管理。

④ 季：加强基础管理工作、强化人力资源、组织季度方针诊断。

⑤ 年：方针管理、年度工作总结、计划。

6. 直接上级

直接上级为车间主任。

7. 主要业务关联部门及业务内容

① 管理科：工资、人事管理、方针、现场诊断。

② 技术科：协调好各种工艺、技术问题，协调好与本单位有关的质量、赔偿问题。

③ 设备科：协调好与本单位有关的设备、物流问题。

④ 车间各工段：工序质量协调。

⑤ 物流科：协调好与本单位有关的物料。

⑥ 生产部：接受生产任务。

⑦ 质量部：质量问题沟通。

8. 岗位任职资格

（1）知识方面

① 专业知识：掌握企业管理；掌握生产运作与供应链管理；熟悉汽车构造；熟悉机器装配工艺；熟悉汽车结构拆装。

② 相关知识：具有熟练执行力；具有高效管理沟通能力；掌握计算机应用；掌握机械制图；了解计算机辅助设计；掌握汽车理论；掌握机械设计原理与方法。

③ 公司知识：了解本公司组织机构；了解本公司的员工管理政策；了解本公司业务流程；了解本公司在行业地位、竞争优势；了解本公司发展战略；了解企业价值观要求；掌握本公司发展历史、里程碑；了解本部门组织机构。

（2）经验方面

① 专业经验：学历要求大专，专业要求理工类或管理类。相关专业领域工作年限不少于五年，汽车或相关行业工作年限以及本公司工作年限不少于三年。

② 专业资格：中级专业技术资格。

（3）能力方面

① 业务运作能力：具有较强的职权内管理规章制度制定、建立、执行能力；对职权内的资源具有较强的系统管理能力；具有较强的组织战略规划分解与实施能力；具有一定的职权内危机处理和应对能力；具有较合理的职责分配能力；具有较强的协调、沟通和一定的演绎能力。

② 业务变革能力：具有较强的新业务规划理解、分解与落实能力；具有较强的变革管理理解与执行能力；具有较强的新政策、新方法的理解及推动执行能力。

③ 指导和影响他人能力：能向职权内的相关人员说明其工作权限和责任；能与他人公开并直接交流工作，提供必要的关注、引导和指导；能为职权内的相关人员制定可衡量且可达到的业绩期望值，并为其提供必要的支撑努力实现规定的期望值；能够对职权内的人员进行激励，并促进资源效益发挥更高的水平。

此外，还应注意以下要求：注重诚信和法理，追求利益最大化；客户至上；跨职能协作（沟通能力、团队合作、大局观）；创新意识；年龄、身体。

参 考 文 献

[1] 戴建树．焊接生产管理与检测．北京：机械工业出版社，2004.
[2] 吴金杰．焊接生产管理．北京：高等教育出版社，2009.
[3] 张建勋．现代焊接生产与管理．北京：机械工业出版社，2005.
[4] 张美清．焊接生产与工程管理．北京：机械工业出版社，2009.
[5] 汪军．机电安装工程项目管理．北京：机械工业出版社，2008.
[6] 何林福．工业企业管理．北京：化学工业出版社，2000.
[7] 邓洪军．焊接结构生产．北京：机械工业出版社，2004.